AUF DER SCHWÄBISCHEN EISENBAHN

Die beliebten Allgäu-Schwaben Bücher

Eisenbahngespräche
und andere Diskurse
von damals

aufgeschrieben von
ALFRED WEITNAUER

mit Illustrationen von
SIEGFRIED SAMBS

Auf der schwäbischen Eisenbahn

ALLGÄUER ZEITUNGSVERLAG KEMPTEN

 2. Auflage. ISBN 3 88006 040 1
Umschlaggestaltung: Siegfried Sambs
Gesamtherstellung: Allgäuer Zeitungsverlag GmbH, Kempten

Inhalt

„Auf de schwäbische Eisebahne
gibt es viele Haltstatione:
Schtueget, Ulm und Biberach,
Meckebeure, Durlesbach.“

Das war einmal. Aus den „Haltstationen“ von einst sind inzwischen Bahnhöfe und Hauptbahnhöfe geworden, und sogar durch Meckenbeuren und Durlesbach brausen heute Tag und Nacht internationale Schnellzüge. Das kommt vom Fortschritt, den man nicht aufhalten kann. Aber trotzdem ist die gute, alte schwäbische Eisenbahn nicht tot; es gibt sie noch immer. Es gibt sie noch als Lokalbähnle oder Vizinalzügle auf kleinen Nebenstrecken, die den Hauptverkehrsadern die Fahrgäste tröpflesweis zuführen oder abnehmen.

Auf diesen von fremden Reisenden nur wenig frequentierten Nebenstrecken fährt auch heute noch die brave schwäbische Eisenbahn unter starker Dampf- und Rußentfaltung, stampfend und bisweilen pfeifend, aber doch gemütlich und gemächlich dahin, so, wie es sich für eine richtige „schwäbische Eisenbahn“ schickt und wie man es von ihr auch erwartet.

An Komfort und Reisegeschwindigkeit kann es die schwäbische Eisenbahn mit den modernen Zügen der Bundesbahn freilich nicht aufnehmen; sie will es auch gar nicht. Die schwäbische Eisenbahn hat Zeit und läßt sich Zeit. Und wenn sie manchmal stehenbleibt, um zwischendurch ein bissele auszuschnaufen – niemand von den Fahrgästen wird daran Ärgernis nehmen.

Das mag unmodern, ja, es mag für einen fortschrittlich eingestellten Reisenden beklagenswert sein; aber es ist in unserer Zeit der allgemeinen Hetze und Ruhelosigkeit etwas Gutes und Schönes, Zeit zu haben. Die Zeit nämlich – laßt euch das sagen – die hat uns der liebe Gott gegeben. Erst in neuester Zeit ist dann der Teufel gekommen und hat aus der Zeit das Tempo gemacht. Der schwäbischen Eisenbahn allerdings hat er nichts anhaben können.

Nun soll aber in diesem Büchlein die schwäbische Eisenbahn nicht als Verkehrsmittel verstanden und gepriesen werden, sondern als Stätte der Begegnung. Bei so einem schwäbischen Vizinalbähnle, da kennen nämlich der Schaffner und der Lokomotivführer nicht nur alle Haltstationen, sie kennen auch ihre „Kundschaft", das heißt die Leute, die an ganz bestimmten Tagen mitzufahren pflegen. Und natürlich kennen auch die meisten Fahrgäste einander mehr oder weniger. Da trifft die Frau Sträßle die Frau Gräßle, die sie schon seit vierzehn Tagen nicht mehr gesehen hat. Da trifft der Herr Nägele den Herrn Hämmerle und nützt diesen glückhaften Umstand, sich gewünschte Informationen zu verschaffen oder gar ein Geschäft abzuschließen. Und da trifft die Frau Lederle den Herrn Federle und der Herr Stöckle die Frau Hölzle. Die schwäbische Eisenbahn setzt die Tradition und

Funktion des griechischen Areopag und des römischen Forums fort.

Störende Einflüsse in Gestalt mitreisender fremder Elemente sind kaum zu befürchten; man ist unter sich, man kennt alle Voraussetzungen und das Gespräch, das auf schwäbisch „Dischkurs“ heißt, kann beginnen, noch ehe der Zug sich in Bewegung befindet. Frei und ungestört entfaltet sich alsbald das schwäbische Menschentum. Es mag sein, daß aus einem Dischkurs ein Dischput wird, niemals aber eine Diskussion. Wie schneidig und aggressiv das schon klingt: Diskussion!

Wodurch unterscheidet sich der Mensch vom Tier? Man kann antworten: „Dadurch, daß er eine Brille trägt.“ Wir aber sagen: Mitnichten! Er unterscheidet sich vom Tier dadurch, daß er mehr oder weniger weise Gespräche zu führen vermag. Einige Gespräche, die so oder so ähnlich auf der schwäbischen Eisenbahn geführt werden, geführt worden sind oder geführt worden sein könnten, sind in diesem Büchlein aufgeschrieben. In ein paar Fällen haben wir allerdings das Eisenbahnabteil verlassen und haben, wie man auf deutsch sagt, vorübergehend das Milieu gewechselt. Wir hoffen, daß die Freunde der schwäbischen Eisenbahn uns das verzeihen.

In erster Linie kommt es uns ja auf das Gespräch an, auf das „echte Gespäch“, wie es heutzutage heißt. Es kommt uns darauf an, daß die Frau Sträßle die Möglichkeit hat, sich der Frau Gräßle mitzuteilen und daß der Herr Wägele dem Herrn Sättele seine Meinung zu diesem und jenem sagen kann.

Es kommt darauf an, daß sich Menschen – so, wie ein gütiges, widriges oder blindes Schicksal es fügt – für eine geraume Weile auf einem Bänkle in der schwäbischen Eisenbahn gegenübersitzen dürfen, können oder müssen. In dieser Zeit können große oder kleine Probleme angeschnitten, aufgerollt oder gelöst werden. Natürlich besteht theoretisch die Möglichkeit, daß zwei potentielle Gesprächspartner, die einander gegenübersitzen, sich aber nichts zu sagen haben, dies dadurch bekunden, daß sie schweigen. Das werden sie jedoch nicht allzulange tun, denn das ist auf der schwäbischen Eisenbahn nicht üblich. Hier wird man das befristete, zufällige Zusammensein auf taktvolle Weise überbrücken, indem man „ananandnaschwätzt", wie man in Schwaben für leichte, unverbindliche Unterhaltung sagt.

Ein Verhaltensforscher, der nichts weiß von Schwaben und der Mentalität seiner Menschen, könnte, wenn er schwäbische Eisenbahngespräche analysieren und auf ihren geistigen Prozentgehalt prüfen wollte, am Schluß möglicherweise darüber nachgrübeln, warum die vor fünf Milliarden Jahren im Urmeer dumpfvegetativ und sprachlos dahintreibende Amöbe in der Folgezeit sich so unendlich geplagt hat, damit aus ihr der vernunft- und sprachbegabte Homo sapiens werde, wenn solche Gespräche das Endergebnis sind.

Aber wir wollen jetzt nicht ebenfalls das Grübeln und Sinnieren anfangen, sondern wir wollen uns still auf ein Plätzle in der schwäbischen Eisenbahn setzen und zuhören.

Einige der nachstehenden anspruchslosen „Mini-Szenen“ könnten sich eignen, bei Vereins-Veranstaltungen und sog. Heimatabenden in den Kranz der Darbietungen eingeflochten, Zuschauer und Zuhörer zusätzlich zu unterhalten. Ein schwäbisches Programm zu gestalten ist ziemlich schwer, wie alle wissen, die es je versucht haben.

Zu danken habe ich Herrn Pius Lotter in Seeg und Herrn Architekt Eugen Schneider in Gunzesried in ihrer Eigenschaft als „Materiallieferanten“. Bei dem Kapitel „Humorlos“ habe ich den Schluß einer Glosse übernommen, die Alfred Auerbach 1924 in der Heimatbeilage „Der Hochvogel“ veröffentlicht hat. Dem Kapitel „Haushalthilfe“ liegt eine Glosse von J. H. Rösler zugrunde. Kenner der heiteren Allgäuer Literatur werden darüber hinaus bemerken, daß für einige Diskurse die Zutaten meinem Büchlein „Lachendes Allgäu“ entnommen worden sind. Wer noch nicht genug haben sollte, wenn er die folgenden Dialoge gelesen hat, findet noch einige weitere in besagtem Bändchen „Lachendes Allgäu“.

Wiedergegeben sind die Zwiegespräche – mit Ausnahme des Kapitels „Bildungsreise“ – in der schwäbischen Mundart, wie sie heute im Allgäu in der Gegend von Kempten gesprochen wird. Das war das Vorwort.

Und jetzt viel Spaß und gute Unterhaltung bei der Fahrt auf der schwäbischen Eisenbahn!

Alfred Weitnauer

Großartige Erfindung

Frau Hölzle (H), Frau Stöckle (St)   Eisenbahn

H: Ja, was sieh' n i do, d'Frau Stöckle! Isch do no frei? Derf ma Platz nemma?

St: Bittschö!

H: Fahre mr au mit'm Zügle, Frau Stöckle? – – – A schö's Wetter hammr heut.

St: Des ka ma brauche. Ma hot aheba recht gnue vom Winter.

H: Do hant S wohl recht – – – hant S z'Memminge eikauft, Frau Stöckle?

St: Noi, des will i erscht, drum fahr i auf Memminge.

H: Und i komm aus Memminge.

St: Ja, wie ka des sei'?

H: Wisset S, i hau in Dietmannsried d'Fahrt unterbroche und an Zug übersprunge und jetzt fahr i weiter.

St: Aha, drum! Fahret S öfter mit'm Zügle, Frau Hölzle?

H: Passiert so.

St: Kommod isch's scho.

H: Was?

St: So a Zügle. Ma braucht it laufe, ka nasitze und d'Füß unter de Bank strecke und zum Fenschter nausgucke. Und es goht trotzdem fascht dopplet so gschwind wie wenn ma lauft.

H: Do hant S recht, Frau Stöckle.

St: Ma schimpft heutzutag so viel über d'Bundesbahn, aber a wunderbare Erfindung isch es wellaweag.

H: Do hant S recht!

St: Wenn ma denkt, daß Sie von Memminge nach Kempta fahret und i von Kempta nach Memminge und beide sitze mr im gleiche Zug.

H: Bloß halt mit dem Unterschied, daß Sie vorwärts sitzet und i ruckwärts.

Bildungslücke

Herr Hirschle (H), Herr Füchsle (F)   Eisenbahn

H: Ja grüeß Di Gott, Füchsle!

F: Grüeß Di Gott, Hirschle!

H: Daß ma Di au wieder amol sieht!

F: Alle heilige Zeite amol, gell!

H: Wie hand 'rs im Kegelklub? Goht no ebbes zeme?

F: Schad, daß Du numma drbei bisch. Mir sagets oft.

H: Du weisch ja, 's Volksbildungswerk isch ausgrechnet am gleiche Tag wie dr Kegelklub!

F: Rentiert si des, des Volksbildungswerk? I moi, stoht's drfür, daß ma's Kegle versaumet?

H: Ja, es stoht drfür. – Isch Dir dr Schopenhauer a Begriff?

F: Loß mi amol nochdenke! – – – Noi, i glaub it.

H: Siehgsch! – Und dr Hölderlin?

F: Wie hosch gsait?

H: Dr Hölderlin?

F: Der kommt mr irgendwie bekannt vor.

H: Hosch scho amol ebbes vom Hyperion ghört?

F: Noi, do müeßt i lüege.

H: Und de Fontane kennsch au it?

F: Na, den kenn i au it. Drfür kenn *i* de Kächele.

H: Kächele? Kächele?

F: Siehgsch, den kennscht *Du* it; den kenn drfür i.

H: I kenn 'en *bis jetzt* no it – der isch no it dra'komme.

F: Der wird im Volksbildungswerk wahrscheinlich au gar it dra'komme.

H: No interessiert 'r mi au it.

F: Do wird 'r froh sei', dr Kächele.

H: Warum? Was soll des heiße?

F: Dr Kächele – – – aber wenn er Di doch it interessiert. Schwätze'mr ebbes anders!

H: Jetz hosch mi scho neugierig gmachet auf dean Kächele. Hot der ebbas z' to' mit dr Volksbildung?

F: Gewissermaßen scho. – – – Gell, aber Du sagsch it, daß i Dirs gsait hau!

H: Koi Wörtle!

F: Ehrenwort?

H: Ehrenwort!

F: Also, paß auf: dr Kächele – weisch, wie soll i's sage? – dr Kächele, weisch, des isch der Ma, der

wo in dere Zeit, wenn Du obends in d' Stadt zum Volksbildungswerk fahrscht, alleweil zur Deiner Frau kommt.

Bildungsreise

Ein Interviewer (I), Xaver Brutscher aus Hinterstein (B)
Bahnsteig

I: Verzeihung, sind Sie Herr Brutscher?

B: Wieso? Kennet Dir mi?

I: Gestatten Sie, ich schreibe für die „Bunte Reiserevue". Sie sind doch der glückliche Gewinner unseres Preisausschreibens. Sie haben den ersten Preis, eine dreitägige Bildungsreise nach Paris, gewonnen. Stimmts?

B: Stimmt!

I: Sehen Sie! Und nun möchte ich Sie während Ihres 20-Minuten-Aufenthaltes in Ulm für ein kurzes Gespräch haben. Unsere Leser interessiert es natürlich, welche Eindrücke Sie aus Paris mit nach Hause bringen. Ich frage und Sie brauchen nur hier ins

Mikrofon hineinzusprechen – möglichst deutlich und prägnant, bitte – – –
Sie sind also der Herr Brutscher?

B: Stimmt.

I: Sie sind der glückliche Gewinner unseres großen Preisausschreibens. Herr Brutscher, erzählen Sie bitte unseren Lesern einiges von Ihrer Bildungsreise nach Paris! Die Nachricht, daß Sie den ersten Preis gewonnen haben, hat Sie – *wo* erreicht, Herr Brutscher?

B: Dahuim.

I: Und wo ist Ihr Zuhause, wenn ich fragen darf?

B: Hinterhalb Hintermstui.

I: Hintermstui – interessant! Und wo liegt dieses Hintermstui, wenn ich fragen darf?

B: Hinterhalb Hindelang im Allgäu.

I: Interessant. – Und was sind Sie von Beruf?

B: I ho's Schrinere g'leanet.

I: Herr Brutscher, wie war die Fahrt nach Paris?

B: It übel.

I: Bitte, schildern Sie uns kurz die Anreise!

B: Ja no, z'erscht bin i sozusage amol vo Hintermstui ge Hindelang üsse g'radlet. Und nochet mit m Postwage uf Sünthof üsse. Vo Sünthof denn mit m Zügle bis ins Städtle – Immenstadt sozusagen. Und do bin i umgstiege und uf Kempte gfahre. Z'Kempte bin i denn noamol umgstiege bis Ulm, und z'Ulm bin i umgstiege in de Schneallzug noch Stuttgart und dett bin i umgstiege in Schneallzug uf Köln. Und von dett aus nochat direkt uf Paris.

I: Und was war Ihr größter Eindruck von der Reise, Herr Brutscher?

B: Was soll ba do sage?

I: Hatten Sie zum Beispiel ein besonders interessantes oder aufregendes Reise-Erlebnis?

B: Des scho. Im Zügle vo Immestadt uf Kempte bin i vernunet.

I: Bitte sehr, *was* sind Sie?

B: A bitzle vernunet, sozusagen eingenickt, eingeschlafen. Dr Schaffner hot mi no gweckt und hot gseit, i soll üsstige. Z'erscht ho n i gar it gwißt, wo n i bi, und wie n i beim Finschter nüsluege, denk i, i sei scho z'wit gfahre und sei z'Nowosibirsk. Es isch aber gottlob bloß dr nui Bahnhof vo Kempte gwea.

I: Und Paris? Erzählen Sie uns bitte von Paris! Was war Ihr größter Eindruck von Paris? Louvre, Nôtre Dame, Montmartre, der Eiffelturm?

B: Des weniger. Do ho n i gar koi Zit it g'het.

I: Interessant. Und darf man fragen, wie Sie Ihre Zeit verbracht haben?

B: I ho zum Glück an Landsma' usm Bayrische troffe und der hot a bayrisch Wirtshüs gwißt. Aber so wie dahuim isch es natürle it gwea, und sündtir drzue! Und umma fümfe rum, am Nomittag sozusagen, simmer no ins Kino. Zum Glück hammr uis gfünde, wo ma an Film in ditscher Sproch gspielt hot: Der Förster vom Silberwald.

I: Sie hatten eine Freikarte für die Folies Bergère am ersten Aufenthaltstag?

B: Ja – die Follis Bergere – do bin i noch'm Kino na'.

I: Na, also! Jetzt wird es interessant. Jetzt stürzt sich Herr Brutscher ins Pariser Nachtleben! Wie haben Ihnen die Damen gefallen? Klasse, wie?!

B: Sehr richtig! Do sieht ma erscht, was mir dahuim für a Glump hand!

I: Haben Sie – wenn ich ein wenig indiskret sein darf – menschliche Beziehungen angeknüpft?

B: Wie's üs gwea isch und wie n i ins Hotel wölle hau, hündsmüed sozusagen, hot zmol uine bei mir ingghengt. Die mueß mi verwechslet hong. Die hot mi

für an Ami ghalte. Sie hot die ganz Zeit „ami“ zu mir gseit. Aber i ho gseit: „Nix Ami – Brutscher isch mein werter Name.“ Des hot ’ere aber nix ausgmachet, dere. Die hot sich von ihrer Moinung it abbringe long.

I: Hatten Sie Verständigungsschwierigkeiten? Sprechen Sie französisch?

B: Des weniger.

I: Sie hatten also keine Schwierigkeiten?

B: Kuine!

I: Auch nicht mit dieser bewußten Dame?

B: Ou it mit dieser bewußten Dame. Die hot für drei gschwätzt. I hou bloß a paarmol verschtande „mon chéri“. Aber wo soll i mibba i dr Nacht an Schoklad herbringe!?

I: Vielleicht wollte die Dame etwas anderes?

B: Des gloub i it. – Schließlich hot se mi in a klei's Lokal zoge und mir hand is an an Tisch gsetzt. I ho denkt, jetzt bstellt se vielleicht dean Schoklad, weil se gar so a Wease ghet hot mit deam „mon chéri“. Aber wie dr Kellner kumme ischt, hot se mit ihrem Lippestift a Winggläsle aufs Papierserviettle gmolet und hobrs zeiget. Dös ho n i sofort verschtande. Und dr Kellner hots scheinbar öu glei verschtande – der isch glei weggloffe und hot a Flasche Schampanjer brocht mit zwei Gläsle. Gell, i bin n a Siech!

I: Erzählen Sie weiter!

B: Noch am Wile molet se nomol ebbas mit ihrem Lippestift ufs Papierserviettle: a Gabel und a Measser. I ho's natürle sofort verschtande, was des heiße soll und dr Kellner hots öu glei wieder verschtande und hot ebbas zum Easse brocht.

I: Da hat ja alles vorzüglich geklappt mit der deutsch-französischen Verständigung!

B: Sie, i sag Ihne, die hot *gar* alles verschtande. I grüeble jetz no drüber noch. Mir isch es völlig unverständlich, was *die* alles gwißt hot.

I: Wieso?

B: Wie mr g'easse ghet hant, nimmt se wieder ihren Lippestift und fangt s mole a'. Desmol molet se a Bettstatt aufs Serviettle.

I: Na, und?

B: Und jetz grüeble i seitdeam drüber noch, wie die rausbrocht hot, daß i gleaneta Schriner bi'. – – –

I: Ja, und dann hatten Sie ja *noch* einen ganzen Tag. Was haben Sie da gemacht?

B: Im Vorrat gschlofe, sozusage, weil mrs vor dere wite Fahrarei a bitzle grüset hot. Und z' Obed bin i denn z'ruckgfahre. Von Paris bis Köln und Stuttgart mit em Schnellzug und nochet umgstiege nach Ulm, und do bin i jetz, sozusagen.

I: Und nun geht es voller Eindrücke wieder nach Hause.

B: Jetz fahr i z'erscht wieder uf Kempte, do ho n i Üfenthalt, und no fahr i uf Immestadt. Do ho n i noamol Üfenthalt. Und no fahr i uf Sünthof, do mueß i zwoa Stünd uf de Poschtwage warte; und denn gohts uf Hindelang, und det stoht mei' Fahrrad, und mit deam fahr i nochet huim in Hinterstui.

I: Das war sehr interessant. Ich danke Ihnen, Herr Brutscher, im Namen unserer Leser, die Ihr Bericht zweifellos sehr interessieren wird. Wir werden ihn eventuell auszugsweise in einer unserer nächsten Nummern veröffentlichen. Vielleicht können Sie Ihre zahlreichen Eindrücke für unsere Leser kurz und prägnant in zwei oder drei Worten zusammenfassen? Herr Brutscher, *was sagen Sie zu Paris?*

 B: A munters Schtädtle – aber reacht abgleage!

Mayer?

Ein Mann (A),
ein weiterer Mann, der nicht Mayer heißt (B) Eisenbahn

A: Grüeß Gott, Herr Mayer!

B: – – – Grüeß Gott!

A: Gschäftlich unterwegs, Herr Mayer?

B: – – – Mhm.

A: Hoffentlich hebts Wetter! Was moinet S, Herr Mayer?

B: I glaub, Sie verwechslet mi.

A: Wieso? Sind Sie it dr Obsthändler Mayer?

B: Noi.

A: Aber Mayer heißet S, oder?

B: Au it.

A: Und Obsthändler sind S au koiner?

B: Noi.

A: Komisch.

B: Was soll do komisch sei?

A: I hätt gschwore, daß Sie dr Obsthändler Mayer sind.

B: Des hot Ihne vielleicht draumet.

A: Und i hätt Gift drauf gnomme, *daß* Sie s sind.

B: I bi koi Obsthändler it und heiß au it Mayer.

A: Aber sei' hätts doch könne, oder?

B: Was hätt sei' könne?

A: Daß Sie dr Obsthändler Mayer sind.

B: Es tuet mr leid, aber i bi s it.

A: I moin, wenn Sie au direkt koi Obsthändler it sind, hätts doch sei' könne, daß Sie Mayer heißet, oder?

B: Des scho.

A: Sehet Se!

B: Was?

A: Sie gebets selber zue, daß Sie wenigstens beinah dr Herr Mayer sind.

B: Aber i hob Ihne jetz doch scho a halbsdutzedmol gsait, daß i it Mayer heiß.

A: – – – Drum.

B: Was heißt do „drum“?

A: Sie *könnet* ja gar it dr Obsthändler Mayer sei’. Grad fallts mr ei’.

B: Warum soll i jetz zmol numme dr Obsthändler Mayer sei’ könne? No vor fümf Minute hand Sie ’s beschwöre wölle und Gift drauf nemme wölle. Es könnt doch *sei’*, daß i dr Obsthändler Mayer wär’, warum eigentlich it?

A: Noi, Sie könnets *it* sei’.

B: Warum jetz auf amol it? Trauet Sie mirs it zue, daß i Mayer heiße könnt? Schließlich heißet fuchzg Prozent der Menschheit „Mayer“.

A: Des scho. Aber dr *Obsthändler* Mayer könnet Sie it sei’. Der isch tot.

B: Wer isch tot?

A: Dr Obsthändler Mayer.

B: Um so besser.

A: Wieso: um so besser?

B: Daß i *it* dr Obsthändler Mayer bi, weil Sie saget, der sei tot.

A: Des isch r au. Hand Sie de Obsthändler Mayer it kennt?

B: Noi.

A: Obwohl Sie ihm rag’risse gleichsehet? I hätt schwöre möge, daß Sie dr Obsthändler Mayer sind.

B: I sag Ihne jetzt zum letztemol im Guete, daß i s it bi. Und jetzt land S mi bittschö in Rueh mit Ihrem Obsthändler Mayer!

A: – – – Und dr Herr Brueder vom Obsthändler Mayer sind S au it?

B: Noi. I kenn überhaupts niemed von dere Familie.

A: I bi mr au it sicher, ob dr Obsthändler Mayer überhaupts an Brueder ghet hot.

B: I woiß es au it; es isch mr au vollkomme gleichgültig.

A: Er könnt ja an Brueder ghet hau. Aber vielleicht isch der au scho tot. In dem Fall könntet Sie au it dr Brueder sei'.

B: Ja no, er könnt ja mehner Brüeder ghet hau.

A: Des glaub i it, und außerdem wärs a Zuefall.

B: Wieso?

A: Wenn *alle* seine Brüeder em Obsthändler Mayer gleichseahe tätet, vorausgsetzt, daß er überhaupts mehner Brüeder ghet hot. Im übrige isch mr des gleich.

B: Warum froget S nochet die ganz Zeit, wenns Ihne gleich isch?

A: Weils *sei'* könnt. Sie hands ja selber zuegebe.

B: Gar nix hob i zuegebe.

A: Ha freile, Sie hand gsait, es könnt leicht sei', daß Sie Mayer heiße tätet.

B: Ja und? Des wär doch au koi Schand it, oder?

A: Des hot au niemand behauptet.

B: Aber Sie tund grad aso.

A: Ja no, weil Sie sich drgege sträubet, wenn i frog, ob Sie dr Obsthändler Mayer sind.

B: Was heißt do: „sträubet"?

A: Sie leugnet s ja gradweags ab.

B: Ja Herrschaft noamol, i ka doch it sage, i sei dr Obsthändler Mayer, wenn i s gar it bi!

A: Trotzdem – gleichseahe tund Se'm.

B: Des ka scho sei. – – Land S mr doch mei' Rueh!

A: – – – Und Gschwistrigkind sind S au kois vom Obsthändler Mayer?

B: Noi!

A: Wisset Se des gwis?

B: Warum soll i denn a Gschwistrigkind sei'?

A: Ha, weages dere Ähnlichkeit.

B: Wemmr jetz dean Dischkurs it beende? I sag Ihne jetzt zum letztemol: i bin r it, i kan n it sei' und i bi au it mit m verwandt. I hob n überhaupts it kennt.

A: Des isch schad. Er war a netter Mensch.

B: Vo mir aus. Es gibt viele nette Leut. Ma ka it alle kenne.

A: Ma sieht au it alle *gleich.* em Obsthändler Mayer seahet Sie aber gleich, rag'risse sogar, ob S es jetz glaubet oder it.

B: Vo mir aus. I hob Ihne scho gsait: es isch mr egal, wem i gleichsieh.

A: So ebes ka oim it egal sei'. I verstand Ihne it, daß Ihne des so kalt loßt.

B: Ja, soll i mi vielleicht desweage aufrege?

A: Descht Ihre Sach, des verlangt koi Mensch it.

B: I tät Ihne gern dean Gfalle, aber i ka doch it oifach sage, i sei dr Obsthändler Mayer, wenns gar it wohr isch.

A: Aber bekannt kommet S mr vor. Dr Herr Zwerger sind S au it?

B: Noi. – Mei' Name isch Bräckle.

A: – – – Bräckle! Richtig! Bräckle! Drum sind Sie mir glei so bekannt vorkomme. No sind Sie dr Herr Bräckle selber, wenn ma froge derf? Oder sind Sie dr Herr Brueder vom Herr Bräckle?

B: Do bi n i überfroget.

A: Leabt Ihre Herr Brueder no?

B: I hoff scho. I hob n zwar scho a halbs Johr numme gseahe.

A: Descht a lange Zeit. Vielleicht leabt r gar numme.

B: Des wär no schöner! Warum soll r numme leabe?

A: Weils heutzutag gschwind gau ka mitm Sterbe. Dr Obsthändler Mayer isch au gstorbe.

B: Jetzt fanget S bittschö it wieder a' mit Ihrem Obsthändler Mayer!

A: I fang it *wieder a'*, i sag lediglich, daß r gstorbe isch. Was wohr isch, wird ma sage dürfe, oder?

B: Aber it die ganz Zeit. Des wisse mr jetz zur Genüge.

A: Aber mir isch, als hätt i vor a paar Tag im Blättle glease, daß a gewisser Bräckle gstorbe isch. Hand Sie mehner Brüeder?

B: Noi, bloß dean oine.

A: No wird rs wohl sei'. Mein herzliches Beileid!

B: Jetz schwätzet Se doch it raus! Des hätt ma mir doch gschriebe, wenn mei' Brueder gstorbe wär.

A: Vielleicht hot ma gschriebe und dr Brief isch it akomme. Bei de heutige Postverhältnis isch alles möglich.

B: Sie sind a schrecklicher Pessimist!

A: I? Warum?

B: Weil Se von nix anders it schwätze könnet als von traurige Sache. Z'erscht bringet Se dean tote Obsthändler Mayer aufs Tapet, nochet an tote Bräckle und jetz gar no d' Bundespost.

A: Aber wenn i s Ihne sag, daß i d' Todesa'zeig mit eigene Auge glease hob!

B: Es gibt mehner Leut, wo Bräckle heißet, wenn au it so viel wie Mayer.

A: Des mag sei'. Aber in deam Fall wärs a Zuefall. Jetzt sind Se scho it dr Obsthändler Mayer; Guet! Ei'verstande! Aber dr Herr Bräckle sind S! Des hant Se selber zuegebe. Kommet Se jetz bloß it und saget S, Sie seiets it!

B: I bestreits ja gar it.

A: Um so besser! Aber daß Ihre Bruder namens Bräckle gstorbe isch, des bestreitet Se, oder?

B: Jawohl, des bestreit i, weil i des erfahre hätt.

A: Bräckle – –? Bräckle – –? Und daß Sie s doch selber sind?

B: Daß i was selber bi?

A: Dr Herr Bräckle.

B: Dr tot oder dr lebendig? Oder dr Brueder vom lebendige? Entschuldigens bittschö, aber jetz kenn i mi überhaupts numme aus!

A: I au it! Hättet Se halt glei vo Afang a' zuegebe, daß Sie dr Obsthändler Mayer sind, nochet hätts dean ganze Dischput it braucht.

B: Ja, Sie hand reacht, es wär gscheiter gwea.

A: Guet, daß Se *des* wenigstens ei'seahet!

Scheidungsgrund

Amtsrichter a.D. Vögele (V), Frau Mögele (M)
Eisenbahn

M: Gell, *mi* kennet Se numme?

V: Nein, es tut mir leid, ich kenne Sie nicht.

M: Aber i kenn *Ihne*! Mir zwei hand scho amol mitanand z'to ghet.

V: Nicht daß ich wüßte.

M: It so wie Sie moinet! – Wie Sie no im Dienscht gwea sind, hättet Sie mi faschtgar amol freigsproche. Sie sind doch dr Herr Amtsrichter Vögele?

V: Das stimmt. Aber ich erinnere mich nicht mehr an Sie. Sie müssen schon entschuldigen, aber unsereins hat mit so vielen Leuten zu tun gehabt – – – Sie verstehen schon.

M: Wissen S, Herr Amtsrichter i bi die Dame, wo sellmol einem fremden Herrn mit dem Schürhaken auf den Grind geschlagen hat. Erinnern Sie Ihne jetzt? Der Verteidiger hot damals mildernde Umstände geltend gmacht, wegen Tatirrtum. I ho doch domols in dr Dunkelheit gmoint, der fremde Herr sei mei' Ma'.

V: Ja, ich glaube, ich erinnere mich.

M: Dös frait mi, daß Sie si an mi no erinnret. Mein werter Name isch Mögele. – – –
Jetz weil S grad scho do sind, Herr Amtsrichter, derf ma ebbas froge?

V: Bitte!

M: Was koscht des, wenn ma si scheide lot?

V: Das ist von Fall zu Fall verschieden. Dafür gibt es keinen einheitlichen Tarif.

M: So ungfähr?

V: Das ist, wie gesagt, verschieden – es kommt auf die Umstände an.

M: Auf deutsch: Sie wisset 's it. Und auf *die* Weis machet Ihr 's Gschäft!

V: Das verstehe ich nicht. Wieso machen wir ein Geschäft?

M: Wenn i in an Lade gang und kauf mir a Paar Schueh, no frog i z'erscht, was se koschtet. Und wenn i aufs Gricht gang und will mi scheide lau, will i au z'erscht wisse, wie teuer des kutt und ob si's überhaupts rentiert.

V: Wer will sich denn scheiden lassen?

M: I!

V: Sie?

M: Ja i!

V: Und warum?

M: Warum it? I lies all andr Tag in dr Zeitung, daß z'Amerika d'Weiber ihre Ma öfters wechslet wie unserois as Hemed.

V: Wie lange sind Sie denn schon verheiratet?

M: Fascht zehe Johr. I find, des isch meh wie gnueg.

V: Sie können doch nicht einfach amerikanische Verhältnisse auf uns übertragen.

M: Wenn's z'Amerika goht, no mueß es bei eis au gange. Mir machet doch sonscht au alles de Amerikaner noch, oder it?

V: Gehen tut natürlich alles, aber Sie brauchen zunächst einmal einen Grund. Haben Sie denn einen Grund?

M: Über zwanzg Tagwerk.

V: Sie mißverstehen mich. Ich meine einen Scheidungsgrund.

M: A so! – Zum Beispiel was für oin?

V: Zum Beispiel: trinkt Ihr Herr Gemahl?

M: Halt wenn r Durscht hot.

V: Das meine ich nicht. Trinkt er übermäßig? Kann man ihn als Trinker bezeichnen?

M: Des möcht m it rote!

V: Oder raucht er übermäßig?

M: 's Rauche ho n em scho lang abgwöhnt.

V: Oder hat er Umgang mit anderen Frauen?

M: Ha'?

V: Ich meine: liebt er eine andere Frau? Oder liebt er mehrere Frauen?

M: Do wur m drfür helfe!

V: Aber es könnte ja sein, daß er jemand anderen liebt.

M: Jetz des glaub i gar it. Er mag ja kaum mi!

V: Die Frage kommt zwar etwas spät, aber – ist Ihr Herr Gemahl vielleicht nicht in der Lage, seinen ehelichen Pflichten nachzukommen?

M: Do ho n i nie z'klaget ghet. Er hot s Geld allat pünktlich abgliefret.

V: Sie verstehen mich nicht recht. Ich wollte sagen: haben Sie Kinder?

M: Ja, sechse. Warum?

V: Ist Ihnen vielleicht bekannt, daß Ihr Mann neben den ehelichen Kindern mit Ihnen ein außereheliches Kind oder gar mehrere hat?

M: Des tät mr grad no fehle! A söttiger Saukerle! Noi, des hätt r si gar nie traut. Aber jetzt bringet S mi grad auf an Gedanke, Herr Amtsrichter; i sag Ihne ebbas, aber im Vertraue – es mueß unter uns bleibe –: mir hand mitanand sechs Kind, aber as sechste, des ischt it vo ihm. Moinet S it, *do* könnte mr n vielleicht packe?

Klassenkampf

Frau Übelhör (Ü), der Schaffner (S) Eisenbahn

S: Die Fahrkarten bitte! – – – Mei' liebe Frau, do herin isch erschter Klass. Sie hant a Zweiter-Klass-Billett. Wend S draufzahle für an Übergang in d'erscht Klass? Andernfalls müeßet Se in de nächste Wage gange.

Ü: – – –

S: Sie, Frau, *Ihne* hob i gmoint!

Ü: Hant Sie ebbes gsagt?

S: Ob Sie draufzahle wollet oder lieber s'Abteil wechsle?

Ü: Wechsle? Noi, Herr Schaffner, i glaub it, daß i Ihne wechsle ka; i hob's ganz Klei'geld ausgeabe.

S: Sie sollet koi Geld wechsle, sondern s'Abteil, es sei denn, Sie löset an Übergang. Do herin isch erschter Klass, und Sie hant bloß a Zweitklass-Billettle.

Ü: A Billettle? Des hob i Ihne doch grad zeigt. Wollet Se s nomol seahe? Do, gucket Se!

S: Es goht it ums Billettle, es goht um d'Wageklass. Do herin isch erschter und Sie hant zweiter.

Ü: Ja, i fahr no weiter.

S: I will wisse, ob Sie an Übergang für die erscht Klass nochlöset oder lieber's Abteil wechslet.

Ü: Ja, ja.

S: Was heißt do „ja, ja"? Entweder oder. Descht erschter Klass! Dr Übergang macht drei Mark.

Ü: I hob mei Billettle doch scho zeigt. Gilt's amend it?

S: Gelte tuets scho, aber Sie hant bloß für Zweiter zahlt.

Ü: Ja, ja. Gell, i hau s zahlt!

S: Gucket S, Frau, do auf Ihrem Billettle schtoht zweiter Klass, und do – gucket S! – über dere Tür schtoht erster Klasse! Sehet S den großmächtige Einser? Also!

Ü: Warum hebet S mir denn alleweil des Billettle na'? I *hob* doch mei' Billettle scho!

S: Aber Ihre Billettle isch unzureichend, und desweage krieg i drei Mark für de Zueschlag.

Ü: Hant Sie ebbes gsagt?

S: I hob gsagt: i krieg drei Mark.

Ü: Wisset S, Herr Schaffner, i hör in letzter Zeit grad numme so bsonders guet.

S: Des merk i. Also, drei Mark müeßet S nochzahle, no könnet Se sitzebleibe. Verschtande?

Ü: Ha'?

S: Wie oft soll i's Ihne denn no sage? Entweder zahle oder in an andere Wage gange.

Ü: Des brauchts it, für mi isch *der* Wage schö gnueg; für mi tuets der Wage scho.

S: Ja, mei liebe Frau, wenn Sie dermaße doosohrig sind, ghöret Sie überhaupts it auf d'Eisebah, sondern in ärztliche Behandlung. Drei Mark machts.

Ü: Was wend S denn alleweil mit dem Billettle do? Jetz land S mr doch mei' Rueh! I verschtand Ihne it. Wisset S, i hör in letzter Zeit numma so bsonders guet. Wenn's ebbes Wichtigs isch, wäret S vielleicht so nett und tätet S mrs aufschreibe?

S: Des au no! Vo mir aus! Also: – – – Übergang – in – erster – – – Klasse – – – drei – – – Mark. Jetzedle, Frau!

Ü: Do brauch i jetzt z'erscht mei' Brille – – – ja, wo ho n i jetz bloß meh mei' Brille? I hob doch sicher gmoint, i häb se im Handtäschle. Aber scheints ho n i se doch dahoim aufm Nachttischle liege lau – – noi, i hob se it. Herr Schaffner, wäret Se vielleicht so guet und tätet Se mirs grad amol vorlese, was Se do aufgschriebe hant?

Versicherungs-Service

Ein Versicherungsvertreter (V), Fräulein Mäusle (M)
Eisenbahn

M: Ischs erlaubt?

V: Bittschön!

M: Saget Se amol – Sie kommet mir so bekannt vor. Sind jetz Sie it von Bludenz?

V: Nein, ich bin nicht von Bludenz, ich bin Bezirksvertreter vom Begräbnisverein.

M: Sehet S *drum* so schlecht aus?

V: Ja was meinen Sie, Frau? Wenn man das ganze Jahr unterwegs ist, nie Zeit zum Urlaub, nie Zeit zum Ausspannen!

M: Aber deswege braucht ma sich doch it glei vergrabe lau, oder? Sie in Ihrem Alter! Was sott do *i* sage?

V: Das verstehe ich jetzt nicht ganz.

M: Wenn S lebensmüed sind, guet, des kommt vor; aber deswege braucht ma doch it glei in an Begräbnisverei' nei'gange.

V: Ach so! – Nein, gute Frau, so ist das nicht. Ich bin von der Versicherungsbranche und ich schließe Versicherungen ab für Leute, die sich ordnungsgemäß begraben lassen wollen.

M: Wer will des scho?

V: Ich meine mit „ordnungsgemäß“, daß man alles vorher in Ordnung bringt, vor allem das Finanzielle. Sie können das mit einem monatlichen Beitrag von wenigen Mark. Wie alt sind Sie, wenn ich fragen darf, gnädige Frau?

M: Jetz land S mi doch bloß no leabe! I bin it lebensmüed – im Gegesatz zu Ihne.

V: Aber sterben müssen wir alle einmal, und da ist's besser, wenn man beizeiten vorsorgt. Sie sollten sich versichern lassen, gnädige Frau.

M: I denk it dra. I leb no gern, i will no it vergrabe weare.

V: Da werden Sie nicht gefragt, gnädige Frau. Aber wenn Sie wünschen, können Sie sich auch verbrennen lassen. Es ist nur ein minimaler Zuschlag.

M: Also verbrenne scho glei gar it. Wenn scho, denn lieber no vergrabe, wie ma's von Jugend auf gwöhnt isch.

V: Das sollten Sie nicht sagen; das Verbrennen wird von Jahr zu Jahr beliebter. Nicht bloß, weil es moderner und platzsparender ist – es ist auch hygienischer und gesünder.

M: Jetz vorerscht leab i amol no.

V: Schon. Aber eines Tages werden Sie begraben, und wenn Sie versichert sind, können Sie eben mit Ruhe und gutem Gewissen begraben werden.

M: Und ka ma si bei Ihne vergrabe lau, wo ma will?

V: Dafür gibt es ortspolizeiliche Bestimmungen, und über diese können wir natürlich auch nicht hinaus. Der Begräbnisort richtet sich im allgemeinen nach dem letzten Wohnort der Leiche, in besonderen Fällen auch nach dem Geburtsort der Leiche.

M: Jetz vorerscht leab i amol no.

V: Ja, aber wer weiß, wie lang. Es braucht bloß dieser Zug hier zu entgleisen, und schon ist es passiert – schon sind Sie tot.

M: Sie au!

V: Ich sage nur so viel: eine richtige und fachmännisch abgeschlossene Begräbnisversicherung ist etwas höchst Angenehmes. Sie müssen natürlich richtig beraten werden. Nicht einfach bloß so drauflos versichern, daß der andere seinen Abschluß in der Tasche hat. Auf alle Fälle: Sie können dann in *Ruhe* sterben.

M: I ho Ihne aber scho gsait, i will gar it sterbe, und i will mi au gar it gege ’s Vergrabe versichere lau.

V: Gut. Wenn Sie meinen; aber jetzt etwas ganz anderes: Wenn Sie so gerne leben: wie wär’s mit einer Lebensversicherung?

M: Zue was? Daß andere 's Geld krieget, wenn i tot bi? Und ich mueß mrs abspare.

V: Sie brauchen ja nicht gleich auf „großes Leben" abzuschließen, gnädige Frau – wir versichern auch kleines Leben. Unsere Gesellschaft ist die einzige, die sogar Kleinstleben hereinnimmt.

M: Was es heutzutag it alls gibt! „Kleinstleben"! Isch des für Zwergle?

V: Die Sache ist ernst, liebe Frau! Wozu wohl Lebensversicherung? Denken Sie einmal nach, gnädige Frau!

M: Do hätt i viel zum denke.

V: Was meinen Sie, was das Sterben heutzutage kostet? Sterben ist teuer, es kostet mehr als das Leben, und ohne ausreichende Versicherung können Sie sich das Sterben heutzutage kaum noch leisten.

M: Jetz fanget S scho meh a' mit Ihrer Sterberei!

V: Bitte sehr, von mir aus leben Sie gerne noch zehn Jahre. Aber eines Tages steht dann Ihr Herr Gemahl da und weiß nicht, wie er das Begräbnis bezahlen soll.

M: Wer stoht do und ka d'Leich it zahle?

V: Ihr Herr Gemahl.

M: Der stoht auf gar koin Fall it do.

 V: Ist Ihr Herr Gemahl wenigstens versichert?

M: Noi.

V: Und Sie leben so ganz zufrieden in den Tag hinein, als ob nichts wäre. Nichts ist so wichtig wie eine Lebensversicherung, weil wir gewiß wissen, daß wir alle sterben müssen. Bei Versicherungen gegen Wasserrohrbruch, Einbruchdiebstahl und Feuer kann es sein, daß Sie das ganze Leben lang Ihre Prämie umsonst bezahlen, weil kein Schadensfall eintritt. Aber bei der Lebensversicherung wissen wir, daß der Schadensfall eines Tages bestimmt gegeben ist.

M: Des ka scho sei'.

V: Das *kann* nicht nur sein, gnädige Frau, das *ist* so!

M: I gang wellaweag in koi Versicherung it nei'.

V: Und Ihr Herr Gemahl auch nicht? Gnädige Frau, *Ihre* Ruhe möchte ich haben.

M: Warum wend S mi denn mit Gwalt vergrabe?

V: Ich will Sie nicht begraben. Im Gegenteil: ich will Sie versichern, damit Sie hinterher mit dem Begraben keinen Verdruß bekommen.

M: Auf deutsch gsait: wenn i it versichret bi, wer' i au it vergrabe.

V: Und wenn Ihr Herr Gemahl mit Tode abgeht? Und *Sie* stehen da und können das Begräbnis nicht bezahlen?

M: Des ka bei mir gar it passiere. I hau gar koin Herr Gemahl. I wär no ledig.

Ausgleichende Gerechtigkeit

Der Herr Pfarrer (Pf), der Herr Gräßle (G)
Eisenbahn

Pf: Mir hand uns scho lang numma gseahe, Gräßle.

G: Mei', es geit wenig Gleageheite.

Pf: Ihr brüchtet bloß regelmäßiger in d'Kirch komma. Viele Sonntag ho n i Eu numma gseahe.

G: Drfür seahe mr uns ja jetz in dr Eisebah'. Des hebt si. – – –

Pf: I hob a interessante Beobachtung gmacht, Gräßle. An dene Sonntag, wo Ihr it in dr Kirch sind,

wearet nie koine Knöpf it g'opfret. Jetzt fehlet bloß no drei Knöpf, no langets für an ganze A'zug – – Land Eu halt au wieder amol in dr Kirche seahe!

G: Wer sait, daß die Knöpf alle von *mir* sind?

Pf: I ka des it behaupte; aber wenn oiner sage tät, die Knöpf stammet vom Gräßle, wur i 's wahrscheinle glaube.

G: Des ka scho sei', daß ma amol in dr Eil und ohne Brille an Knopf in Klingelbeutel tuet. Drfür passierts aber au wieder amol, daß ma aus Verseahe statt am Zweier a Zehnerle opfret. Des hebt si no meh.

Pf: Daß Ihr mit dr Eisebah' fahret? Ihr fahret doch sonscht an VW?

G: I hau an U'fall baut, Totalschade.

Pf: Hoffentlich isch niemed nix passiert.

G: Außer a paar Hautabschürfunge nix.

Pf: So gschwind ka's gau. Denket dra', Gräßle, und kommet öfter in d'Kirche!

G: Gucket, Hochwürden, i bi verheiret. Wenn i *Uier* Predigt versaum, halt' mr mei Weib drfür oine. Des hebt si.

Pf: Gräßle, passet auf; bei Ui hebt si alls. Dr Herrgott hot Ui verschaffe, und dr Teufel wead Ui amol holle – des hebt si no au!

Krankenstand

Frau Kümmerle (K), Frau Wimmerle (W) Eisenbahn

K: Mir hant uns a n Ewigkeit numme gseahe, Frau Wimmerle! Alleweil wohlauf?

W: Do müeßt i lüege.

K: Wo fehlts, wenn ma froge derf?

W: O mei, Frau Kümmerle, do fang i lieber gar it a'; ma wird halt älter und lottriger. Aber johrweis scho offene Füeß, do brauch i Ihne wohl nix weiter sage, oder? Do hot ma seine Läscht, Frau Kümmerle, Sie dürfet mrs glaube. Bsonders bei dere Hitz.

K: Des glaub i gern.

W: Und mit'm Stiegelaufe tue i mi in letzter Zeit au so herb. Des kommt vom Wasser in de Füeß. Manchmal wird mrs ganz schwa'z vor de Auge.

K: Des sind Kreislaufschwöchene; des hant heutzutag alle bessere Leut, do brauchet Se Ihne nix denke, Frau Wimmerle.

W: Noi, des kommt vom Wasser in de Füeß; des steigt mr bei dere Hitz in de Kopf.

K: Sind S in Behandlung, Frau Wimmerle? Hant S wenigstens an reachte Doktr?

W: Des scho. I bi beim – – – wie heißt r doch glei – – – dr Dings – – – z'Hinterstoibach.

K: Ja, wie heißt r doch glei? Es fallt mr im Augeblick au it ei, es isch ja au gleich. Mr wisset ja, wean mr moinet. Was sait r denn, was Ihne fehlt, der Dings?

W: Wie n en 's letztmol gfroget hau, hot r gsait: „Fehle? Ihne fehle? Mei' liebe Frau, fehle tuet Ihne so guet wie gar nix; Sie hand so ziemle alles, was ma hau ka."

K: Döscht doch koi Antwort it für an Doktr! Mit söttige Sache soll ma it spaße! An Ihrer Stell gung i zue am andre.

W: A n anderer isch au it besser. I ho's doch scho dutzedweis probiert. Oiner hot scho amol gsait, spaßweis natürlich: „'s Bescht für Ihne wär Notschlachtung."

K: Jetz i, wenn i Ihne wär, i gung zue am andre. Der Dings do, wo Se jetz sind, weiß wahrscheinle gar it, was Ihne fehlt.

W: Des wär ja no schöner!

K: Wenn der wüßt, was de Leut fehlt, tät r it mit

siebzg Johr allet no z'Hinterstoibach hocke. Am Schluß wearet Sie no s'Opfer von einer Fehldiagnose, Frau Wimmerle.

W: Um Tausedgottswille, an *des* hon i no gar it denkt!

K: Hot r Ihne wenigstens ebbes verschriebe zum Ei'nemme?

W: Zum Ei'nemme it, aber zum Ei'reibe, für die offene Füeß.

K: Und hilfts wenigstens ebbes?

W: Bis jetzt it.

K: I will Ihne ebbes sage: die Ei'reiberei hot überhaupts koin Werte it. A richtiger Doktr verschreibt a g'hörige Gutter Arznei zum Ei'*nemme*. Wie gsagt, i gung zue am andere. – – – Passet S auf, Frau Wimmerle, i ho mi scho die ganz Zeit verkopfet, jetz fallt mrs ei': dr Dings z'Wolfertschwende – wie heißt r glei? – also der isch ausgsproche guet für die offene Füeß. Kennet S d'Krattemachere?

W: d'Krattemachere?

K: Ja, d'Krattemachere von Dietmannsried. Die hot doch johrweis offene Füeß ghet, it zum Mita'seahe isch gwea, sag i Ihne! Grammoadre wie Feuerwehrschläuch, sag i Ihne. Und heut lauft se rum mit Füeßle wie a Tienätscherle, trotz ihre zweiehalb Zentner.

W: I hau ja it bloß offene Füeß, Frau Kümmerle, i ho ja no häufeweis andere Läscht. Brönchitis hon i au.

K: Also, des ka n i natürlich it sage, ob dr Dings z'Wolfertschwende au für Bronchitis isch; i weiß bloß von de offene Füeß, do wird r globt. Von dr Bronchitis weiß i nix.

W: Eabe!

K: Was tund S drgege? Gege d'Bronchitis, moin i.

W: Tropfe hot r mr verschriebe. Aber i hau s bis jetz it gnomme.

K: Tropfe gege Bronchitis! I will nix gsait hau, aber des will mr gar it gfalle. Vielleicht hant S doch ebbes anders, daß r s Ihne bloß it sage will. Vielleicht *behandlet* r Ihne aber au auf Bronchitis und drweil hant S ebbes ganz andrs, und bis ma s merkt, was es wirkle gwea isch, isch es z'spät. Fehldiagnose, heißt ma des.

W: I hau de Doktr scho amol desweage a'gsproche. Aber do hot r mi beruhigt. Er hot gsait: „Mei liebe Frau, machet S Ihne do koine unnötige Sorge it. Wenn i sag Bronchitis, noch isch es Bronchitis. Und wenn i Ihne auf Bronchitis behandle, no sterbet S au an Bronchitis."

K: I weiß it – aber i gung an Ihrer Stell zue am andere.

Mini-Chancen

Fräulein Bärtle (B), Fräulein Häfele (H)   Eisenbahn

B: Hant S *die* grad gseahe, Fräulein Häfele?

H: Wen?

B: Die mit ihrem Minirock! Gschwind, gucket S um, do schwanzlet se de Gang füre!

H: Des sind halt de junge Leut heutzutag.

B: Wenn i do an *unser Jugend* denk!

H: Descht scho lang her. – Wie alt sind Sie jetz eigentlich scho, Fräulein Bärtle?

B: Vor drei Johr bin i neunesechzg gwea. Und Sie? Sie dürftet au scho stark auf de Siebzger zuegange?

 H: Man ist so alt, wie man sich fühlt, sait ma.

B: Jetz gucket S gschwind, Fräulein Häfele, do kutt se meh! Gucket Se bloß des Untergstell a'! Wahrscheinlich moint se, sie sei schö'! Drbei hot se Wade wie Krautstößl.

H: Do könnt i mi mit de meine no ehner seahe lau.

B: as rohe Fleisch schtellet se zur Schau, as purnacket Fleisch! Descht a Sauerei! Früher wär do d'Polizei ei'gschritte. Früher hätts so ebbes aber scho gar it geabe.

H: Früher hots viel it geabe.

B: Do hant S wohl reacht. Früher hätt ma si Sünde gfürcht, wenn ma so drherkomme wär. Wenns no lang dauret, hant se überhaupts nix meh a'!

H: Mei', weams stoht? It alle könnet si alles leiste. Aber weams stoht? Es machts halt oine dr andere noch. Wenns d'Mode verlangt, ka ma sowieso nix drgege mache wie mitmache.

B: Jetz brauchet Se ja bloß no sage, daß Ihne des gfallt! Am End kommet Sie eines schönen Tages au no mit so ama Minirock drher!

H: Warum it? Auf d'Dauer wird ma si dr Mode sowieso it verschließe könne.

B: I bitt Ihne! *Mir* sind doch z'alt für söttige Mödele. I mueß sage, i bi grad froh, daß i alt bi.

H: Wenns aber d'Mode vorschreibt, hilft Ihne Ihr Alter gar nix. Dr Mode könnet Se Ihne auf d' Dauer gar it verschließe. Dös goht bloß no so lang bis d'Modeschöpfer draufkommet, daß au von de alte Leut no a Geld z'holle isch.

B: Wer soll denn no a guets Beispiel geabe und de A'stand hochhalte, wenn it die gsetztere Leut?

H: Wenns aber d'Mode verlangt?

B: Wisset Se, Fräulein Häfele, was se a'grichtet hot, die sauber Mode? Zu unserer Zeit isch a ledigs Kind no a Schand gwea und a U'glück. Heut isch des überhaupts koi Sensation meh. Heutzutag, *wo* Se d'Zeitung aufschlaget, nix wie Überfäll, Sexualverbreche, Vergewaltigunge und Lustmord. Und wisset S au, woher des kommt? Von Ihrer saubere Mode! Isch ja koi Wunder it, wenn d' Frauezimmer d'Mannsbilder direkt auffordret, daß se überfalle weare möchtet! s ganz U'glück kommt von dene Miniröck, von Ihrer saubere Mode!

H: Was heißt: vo *meiner* saubere Mode? Sie dund grad so, als ob *i* die Miniröck erfunde hätt.

B: Aber verteidige dund S es doch die Sauerei!

H: I verteidig gar nix. I sag bloß, daß die junge Leut d'Mode mitmachet. Se brauchets ja it, wenn se s it wend.

B: Aber se ziehet s wöllewcag alle a', grad mit Fleiß.

H: Ja, weils d'Mode eabe vorschreibt.

B: Mode hi', Mode her, wo komme mr denn na', wenn a jeds an jede Blödsinn mitmacht? I zieh doch au koin Minirock it a!

H: No it, Fräulein Bärtle, aber in a paar Jährle vielleicht. In a paar Jährle sind S vielleicht au so weit. Es wird Ihne gar nix anders it übrig bleibe, weil S'Ihne sonscht gar numma halte könnet. Die Zeite sind andere wie in unserer Jugend. Ma mueß mit dr Zeit gange.

B: Mit *dere* Zeit will i aber it gange. I bi grad froh, daß i alt bi.

H: Was heißt heutzutag alt?

B: Mit siebzge, moin i, ghört ma zue de ältere Leut, oder?

H: z'Amerika wearets in deam Alter erscht richtig muschpr.

B: Moinet S?

H: Des moin i it, des weiß i, weil i s glease hau, schwarz auf weiß, in am Heft von unserm Lesezirkel. Do hot es gheiße: „Steigende Sexwelle ergreift gehobene Jahrgänge." Des sind *mir*, Fräulein Bärtle!

B: Aber an Minirock zieh i wölleweag koin a'.

H: Wenn r für reifere Damen Mode wird, ziehet Sie genau so oin a' wie n i.

B: Und Sie hant gar koi Angscht it, daß d'Mannsbilder zuedringlich und rabiat wearet, wenn Sie so aufreizend drherkommet?

H: Im Gegeteil! Denket Se doch it alleweil bloß an

d'Angscht, Fräulein Bärtle! Denket Se doch au amol an d'Chance! Auf die Weis hättet mir doch vielleicht au amol oine. „Was der Frühling Dir versagt, kann der Herbst noch bringen!"

B: So gseahe, ka n i Ihne ganz u'reacht it geabe. Jeds Ding hot halt seine zwei Seite – a schleachte, aber au a guete.

H: Desweage moin i, mir sind besser ruig und schimpfet it über die Mini-Mode und über die aufdringliche Mannsbilder und die ledige Kinder. Warte mr amol ab, was in dere Beziehung no alls auf *uns* zuekommt!

Gut gegangen

Herr Röhrle (R), Herr Wöhrle (W) Eisenbahn

R: Hosch glease, es sind scho meh zwei Startfiger abgstürzt.

W: Zwei, saischt? Denn isch's noamol guet gange.

R: Wieso guet gange, wenn beide Pilote tot sind?

W: Wenn ma bedenkt, daß d'Startfiger hundertweis abstürzet, sind zwei so guet wie nix.

* * *

R: Des weischt von dem Autounglück gestern obed? Frontalzusammenstoß – zwei Tote und vier Verletzte.

W: Denn isch es noamol guet gange – wenn ma denkt: frontal. Ma isch 's gwöhnt, daß in so am Fall alle mitnand tot sind.

* * *

R: Weiß ma inzwische Näheres von dem Lawineu'glück in dr Schweiz?

W: Do weiß i überhaupts nix.

R: Vo fümfevierzg Verschüttete hand se bis jetzt erscht fümf berge könne.

W: No isch noamol guet gange. Ma hätt überhaupts koin meh finde könne.

R: Du goscht mr afange mit deim Gschwätz auf d'Nerve. Zu dir ka ma sage was ma will, du saischt stereotyp: „descht noamol guet gange“. Saischt du des von dir selber oder schwätzt's bloß so saudumm aus dir raus?

W: Es ka no so viel passiere, ma ka si alleweil denke, daß es hätt no *minder* komme könne.

R: Jetz sag i dir aber ebbes, was *it* minder hätt komme könne. Weisch du scho, was heut nacht passiert isch? I hau s grad vorher erscht erfahre, wie n i auf de Zug bi. Ma sott vielleicht gar it drüber schwätze. – De Weckerle kennsch doch, oder?

W: Was isch mit'm Weckerle?

R: Der isch heut nacht überraschend an Tag früher wie sonscht von dr Gschäftsreis hoimkomme und findet an Kerle bei sei'm Weib im Bett.

W: Und?

R: Familientragödie. Alle drei tot. Z'erscht hot dr Weckerle die zwei umbrocht und nochet si selber. Was saischt *do* drzue?

W: Do ka n i au bloß wieder sage: descht noamol guet gange.

R: Wie ka ma bei so ebbes so ebbes sage?

W: Paß auf: wär der Weckerle statt oim Tag *zwei* Täg früher von dr Reis' hoimkomme, nochet hätt r *mi* verdwischt und nochet wär jetz *i* tot!

Der Veterinär

Frau Hösle (H), Frau Jäckle (J) Eisenbahn

H: So trifft ma anand, i sag's ja! Mir hand uns a n Ewigkeit numma gseahe, Frau Jäckle. Isch alls gsund dahoim?

J: I dank für d'Nochfrog, Frau Hösle.

H: Und was macht s Rosele? – Mei' Gott, i sag allet no Rosele! Des wird jetz au scho a junge Dame sei'?

J: s Rosele isch scho oisazwanzg. Aus de Kind wearet Leut, isch it wohr?

H: So vergoht d Zeit. An de Kind wird ma's inne, wie alt ma isch.

J: Im Herbst will ma scho heire. Vor sechs Wocha hammr Verlobung gfeiret.

H: Ja was! Hoffentlich kriegt se an nette Ma', s Rosele, i tät'res gonne.

J: I glaub scho.

H: Hoffentlich! Was isch no dr Herr Bräutigam, wenn ma froga derf?

J: Veterinär.

H: – – – Was hant S gsait, Frau Jäckle? Saget Se's grad noamol!

J: Veterinär – i glaub, es isch a reachter Ma'.

H: Jetz mueß i dumm froge. s Rosele isch doch a netts Mädle und von dohoim aus isch au ebbas do, oder? Die hätt doch an *Jede* hau könne.

J: Se will aber scheint's it an Jede. Se will grad *dean*.

H: Ausgreachnet!

J: Ma ka ja au it an jede hau – ma ka sowieso bloß an gotzige heire.

H: Es kommt bloß drauf a', daß ma de Reachte verdwischt. Aber ma sait, wo d'Lieb nafallt, bleibt se flacke. s Rosele hätt doch an Jede hau könne. I moi, an andere wie bloß an Veterinär.

J: Verlobt isch no long it verheiret.

 H: In deam Fall möcht is sage: gottlob! – Wenn ma

froge derf: isch'r aus em erste oder aus em zweite Weltkrieg?

J: Was soll des mit'm Weltkrieg z'to hau? Dr Bräutigam vom Rosele isch in gar koim Weltkrieg it gwea.

H: Ja, um tausedgottswilla, es weard doch it oiner sei', wo no vom Siebzger-Krieg übrigbliebe isch!

J: Wieso Siebzger-Krieg? I verschtand it, was Sie moinet, Frau Hösle.

H: Sie hant doch gsait „Veterinär", oder?

J: I glaub, Sie wisset it, was a Veterinär isch.

H: Freile, des weiß i guet. Des sind so alte Ma'le, brave Ma'le, ma sieht se manchmol bei de Leiche mit am große Fahne rumstande.

J: Des verwechslet Sie, Frau Hösle! Des, was *Sie* moinet, sind Veterane.

H: Was isch no der Unterschied zwische am Veterane und – – wie hant S gsait?

J: Veterinär.

H: Was isch do dr Unterschied? Mi solls jo bloß fraie fürs Rosele, wenns so isch, wie Sie saget.

J: Des kann i Ihne scho sage: Veterane sind alte Ma'le mit Orden. Aber a Veterinär braucht gar koin Orde it hau und er braucht au it alt sei. Wissets, Veterinär heißt ma die Leut, wo koi Fleisch it esset.

Welträtsel

Ein Vater, der Zeitung lesen will (V),
ein Sohn, der alles wissen will (S)   Eisenbahn

S: Du Vaddr, wie heißet die Berg?

V: Dr vorder do isch dr Grünte, von de andre woiß i d'Näme it; isch au it wichtig; es sind halt Berg.

S: Vaddr, wohnet hinter dene Berg au Leut?

V: Wo?

S: Hinter dene Berg do? Ob's do au no Leut gibt?

V: Kaum sitzt ma im Zug, fangscht du scho meh 's Sinniere und 's Grüeble a'! Guck zum Fenschter naus und loß mi lease!

S: Vaddr, guck, do düba sind Rehle!

V: – – –

S: Du Vaddr, dr Peppi hot gsait, es gibt koin Osterhas it. Aber Rehle gibts, oder?

V: Siehgsch doch!

S: Vaddr, dr Peppi hot gsait, es gibt au koi Christkindle it, und an de Storch glaubt r au numme.

V: Wer glaubt numme an de Storch?

S: Dr Peppi.

V: Vo mir aus – no soll 'r s bleibe lau.

* * *

S: Vaddr, glaubsch *Du* an de Storch?

V: Freile glaub i, daß es Störch gibt.

S: Und daß se die kloine Kindle bringet?

V: Auf alle Fäll hand d'Fraue a Mordsangst vor em Storch.

S: Dr Peppi sait: vor allem d'Pfarrersköchinne. Warum grad d'Pfarrersköchinne, Vaddr?

V: Was woiß denn i? Was goht mi d'Pfarrersköchin a'? Guck jetz zum Fenschter naus und loß mr mei' Zeitung lease!

S: Vaddr, guck, do sieht ma' de Mond!

V: – – –

S: Du, Vaddr, warum isch dr Mond rund und it vierecket?

V: Wahrscheinle, damit si d'Weltraumfahrer an dene scharfe Ecker it stoßet!

S: Vaddr, warum hot dr lieb Gott d'Mensche aus Erde gmacht und it aus Blech?

V: Weil ma 's Blech für d'Auto braucht. – Loß mi jetz endlich lease!

* * *

S: Vaddr, warum sind d'Berg aus Stoi und it aus Holz?

V: Weil des z tuier käm. Und Stoi sind au haltbarer.

* * *

S: Du Vaddr, dr Peppi hot gsait, dr lieb Gott häb d' Mensche gar it gmachet. Des sei gar it wohr.

V: Sondern?

S: Sondern der Mensch stamm vom Affe ab.

V: *Wer* sait des?

S: Dr Peppi.

V: Was für a Peppi?

S: Ha, *unser* Peppi – mei Brueder.

V: So, sait r des? No saisch 'm 's nächstmol, des könn scho sei', daß *er* von am Affe abstammt – – aber *i* it, merk dr des!

S: Aber Vaddr ...

V: Jetz gib amol a Rueh und hör auf mit dei'm saudumme „Vaddr"!

Späte Aufklärung

Ein Büble (B), seine Mutter (M) Eisenbahn

B: Mamma, i möcht an Kaugummi!

M: Nix do, jetz isch amol Schluß mit dere Kaugummifreasserei! Do hosch a Heiligebildle!

B: I möcht aber lieber an Kaugummi!

M: Do hosch a Heiligebildle, sag i!

B: Des Bildle ghört dem Weib, wo grad vorher ausgstiege isch; die hots liege lau.

M: Des isch koi Weib it gwea; des isch a Franziskanerbruder aus Füeße gwea und der hot mrs gschenkt, des Bildle.

B: Des Weib in dem Maxirock soll a Ma' gwea sei'? Des glaub wer mag! Seit wenn hant d'Mannsbilder Weiberröck a'?

M: Seit d'Weibsbilder Mannsbilderhose a' hant.

B: Mamma, was hot der Frankischzaner-Brueder *unter* seim Rock a'? Hot der au an rosa Schlüpfer und an Straps wie unser Emma?

M: Um Tausedgottswille, Bue, woher soll i des wisse? I tät mr Sünde fürchte, so ebbes zum sage. I trau mi it amol, unter dem gweihte Herre sei' Kutte nei' z'*denket*.

B: Aber ebbes wird er wohl no a' hau, oder?

M: Vielleicht Unterhose wie dr Vaddr, was weiß denn i!

B: Des paßt aber it zeme.

M: Do, guck des Heiligebildle a', des isch gscheiter!

B: Mamma, wenn d'Ma' von de Frankischzaner Röck' a'hant, hant no d'Weiber von de Frankischzaner Hose a'?

M: Mei' Gott, Bue, mit Deiner Frogerei! Die Franziskanerbrüeder hant doch gar koine Weiber it; die *dürfet* gar koine Weiber it hau.

B: Des ka' it sei'.

M: Was ka' it sei?

B: Daß die koine Weiber it hau dürfet.

M: Warum it?

B: Mei', Mamma, des kommt drvo, daß ma Ui in dr Schuel it aufklärt hot.
Wenn d'Frankischzaner koine Weiber it hau dürftet, woher kämet no die kloine Frankischzanerle?

Gastronomie der 70er Jahre

Der Gast (G), der Kellner (K)   Gaststätte

K: Bitte serr!

G: He, Sie, Herr Ober! Des isch a Verwechslung! Was soll i mit dere saure Leaber? I hau koi saure Leaber it bstellt, i hau a Schorle bstellt.

K: Bitte serr!

G: Nemet Se die Leaber wieder mit, die ghört it mir!

K: Bitte serr!

G: I brauch koi B'steck it; Sie sollet die Leaber wieder mitnemma! I hau a Schorle bstellt. *Ein saures Schorle!* Des do isch a saure Leaber und koi Schorle – nemmet S die Leaber mit!

K: Bitte serr!

G: Und mir bringet Se jetz a Schorle. Wisset Sie überhaupts, was des isch, a sauers Schorle?

K: Schorle? Heute nicht auf der Karte.

G: Wisset Sie überhaupts, was a Schorle isch? Was sind Sie eigentlich für a Landsmann? Jugoslovako?

K: Oh, nix Slovako! Slovako nix intelligente.

G: Italiano?

K: Oh, nix Italiano! Italiano nix moralisch. Ich Turk.

G: So, a Türk sind S. No könntet S eigentlich wisse, was a Schorle isch. Passet S auf, daß i s Ihne sag: des isch a Viertele Weißwei' mit Mineralwasser gmischt; a „Gspritzter" sozusagen. Hand S *des* verstande?

K: Bitte serr!

G: Wiederholet S, was i bstellt hob; it daß Se mr noamol a saure Leaber drherbringet.

K: Bitte serr!

G: Wisset S was? Bevor s a neus U'glück gibt, bringet Se mr lieber a Halbe Bier! Hant S *des* verstande? A *Bier*.

K: Bitte serr! Weiß oder rott!

Die Wildsau

Vater (V) und Sohn (S) Eisenbahn

S: Du Vaddr, geit's eigentlich Geister?

V: I ho no nie koin Geist it gseahe.

S: Aber wenn oiner bei nacht drherkäm, tätscht du di do fürchte?

V: Noi, weils des it gibt.

S: Aber Mörder geits, oder?

V: Fangsch scho meh mit deine Mörder a'! Des kommt alls bloß vo dera saudumme Fernseaherei.

S: Vaddr, tätsch du di vor am Mörder fürchte?

V: Des kommt drauf a'.

S: Vaddr, geits Löbe?

V: Bei uns it, außer im Zirkus.

S: Geits im Kempter Wald koine Löbe it?

V: Noi.

S: Überhaupts koine wilde und gfährliche Tier it?

V: Außer Hirsch und Kreuzoadre könnt i mir koine denke, höchstens vielleicht no Wildschwein.

S: Vaddr, sind Wildschwein bös?

V: I glaub scho, daß die bös sei' könnet, wenn ma s trätzt.

S: Was tätscht jetz, Vaddr, wenn zmol a Wildschwein drherkäm?

V: In dean Zug rei' kommt koi Wildschwein it.

S: Aber beim Spazieregange im Wald, wenn jetz do zmol a Wildschwein drherkäm, gell, do tätscht di scho au fürchte, oder?

V: I fürcht mr it so gschwind.

S: Aber vor am Wildschwein scho', oder?

V: Des kommt drauf a'; wenns a bös wär, scho'.

S: 'A'gnomme, es *wär* a bös.

V: Denn wärs bescht, ma springt drvo.

S: Und wenn dr's Wildschwein nochspringt?

V: No häz i auf de nächstbeschte Baum und wart bis d'Polizei kommt oder dr Förster.

S: Aber wenn niemand kommt und s Wildschwein krebslet dr noch?

V: Wildschwein könnet it krebsle.

S: Bloß a'gnomme, *wenn* es dr auf de Baum nochkrebslet, was machsch nochet?

V: Nochet kreis i vorsichtig auf an Ascht naus, wo's *gwis* it nochkommt.

S: Aber a'gnomme, es kreist dr *doch* noch?

V: Jetz sag' amol, Bue, hilfscht jetz du eigentlich zue dei'm Vaddr oder zu dere Wildsau?

Humorlos

Herr Eckerle (E), Herr Weckerle (W)   Eisenbahn

E: Kennsch dean?

W: Wean?

E: Dean Witz.

W: Was für an Witz?

E: Ha, dean Witz, wo i dir verzehle will.

W: Wie ka i des im voraus wisse, ob i dean kenn?

E: Also paß auf, i sieh scho, du kennsch 'n it. Vielleicht bring 'n no zemet. Aber do mueß ma a bitzle Englisch könne. Sonsch verstoht ma 'n it, dean Witz. Kasch du Englisch?

W: Des wird aufkomme. Verzell n amol!

E: Also paß auf!

Anmeldung
Fragebogen
1.
2.
3.
4.
5.

Wie dr Papst gstorbe isch, hot 'r an dr Himmelstür a'klopfet. No hot dr Petrus rausglueget und gfroget, wer er sei und was er wöll. No hot dr Papst gsait, er sei dr Papst und er wöll in Himmel nei' und er hot natürle denkt, do wuret jetz glei d'Engele mit 'm rote Teppich komme. Aber Petrus sait: „Papst? I hau heut niemed namens Papst in meiner Aufnahmeliste." Drauf sait dr Papst, des müeß a Mißverständnis von dr Buechhaltung sei'; er sei dr Gottsöberscht von dr ganze Christeheit, und wenn überhaupts oiner in Himmel nei'käm, nochet er. Aber Petrus hot'n welleweag it nei'glau.

Der Papst hot si aber au it so gschwind abweise lau und hot gsait, Petrus soll halt sein Chef, de liebe Gott, a'rufe. Und daß a Rueh wird, hots Petrus halt in Gottsname dau. Er langet noch 'm Hörer vom Haustelefon und lot si mit 'm liebe Gott verbinde. Wie d'Verbindung hergstellt isch, sait Petrus:

„Helloh, Boß – here is a man; his name is Pope. Do you know him?"

em liebe Gott hot's aber scheints grad pressiert, er sait bloß „sorry" und hängt ei'. „Jetzt hand'rs selber ghört, Ma", sait Petrus, „dr Chef kennt ui it, kurz und guet, Ihr könnet do it rei'."

Drauf sait dr Papst: „Jetzt wenn r scho grad am Telefoniere sind, no land Ui amol mit Gottes Sohn verbinde. I bi ja schließlich sei' Stellvertreter auf Erde gwea."

„In Gottsname", sait Petrus und telefoniert noamol:

„Helloh, Junior", sait Petrus, „here is a man, his name is Pope. Do you know this man?"

Aber wieder die gleich Antwort wie vorher: „Sorry."

Drauf sait Petrus zum Papst, er soll jetz seiner Weag gau und koine Fitzematenderle mache. Aber dr Papst hot it ausglau und sait zue Petrusse, er soll no an letzte Versuech mache und des furchtbar Mißverständnis aufkläre; dr Heilig Geist wur's ganz gwis wisse, daß dr Papst a A'recht auf de Himmel häb.

Guet, Petrus rueft de Heilige Geist a: „Helloh, Smoky", sait Petrus, „here is a man; his name is Pope. Do you know this man?"

Dr Heilige Geist isch, wie ma sait, auf Droht gwea; er hot bloß a bitzle nochdenkt und no hot'r glachet und gsait:

„Oh yes, I remember, this is the man with the funny stories about Mary and me – – –"

– – –

Hosch it verschtande?

W: Was it verschtande?

E: Ha, dean Witz?

W: Ha doch!

E: Hosch vielleicht 's Englisch it verschtande?

 W: Ha doch!

E: Aber de Witz hosch it verschtande?

W: Ha doch! Warum moinscht du, daß i den Witz it verschtande häb?

E: Weil de it lachescht.

W: Wenn's wirklich a Witz gwea isch, wear n scho verschtande hau.

E: Warum lachesch no it, wenn d'n verschtande hosch?

W: Ha, weage was soll i lache?

E: Ha, weages sealem Witz.

W: Ja, des isch doch nix zum Lache.

E: Warum denn it? Wahrscheinlich verschtohscht du überhaupts koin Spaß it.

W: Ha, warum soll i koin Spaß it verschtande?

E: Weil de it glachet hosch. Wahrscheinlich hosch den Witz eabe doch it verschtande.

W: Wenn i sag, i ho n verschtande, no *ho n* verschtande. Verschtande?! Do verschtand i koin Spaß it.

Rückfahrkarte

Ein Mann (M), der Schaffner (Sch), ein Pfarrer (Pf)
Eisenbahn

Sch: Wer zugestiegen? Die Fahrkarten bitte!

M: Ja hurement, i hau des Saubillettle doch grad no ghet.

Sch: Losset Se Ihne Zeit, Sie wearet's scho no finde. – So, Herr Pfarrer, darf ich bitten? Danke sehr! Gute Reise! – – – Hant Se's jetz gfunde, Ihr Billettle?

M: Wo ka des Huresakraments-Billettle bloß sei'? I hau's doch grad vorher no ghet!

Sch: Vielleicht ischs nagfalle.

M: Noi – – – Himmelherrgottsakrament!

Pf: Lassen Sie doch das heilige Altarsakrament aus dem Spiel!

M: Aber wenn i sag, i hau's doch grad no ghet!

Scho: Wo wend Se denn na', Herr?

M: Nach Legau.

Sch: Schlimmstenfalls müeßet Se nochlöse.

M: Wenn i aber sag, daß i's grad no ghet hau.

Sch Jetz losset Se Ihne Zeit und suchet S in Rueh, i komm bei dr nächste Station noamol.

M: Ja Himmelherrgottsakrament, des Hurebillett, des nixig!

Pf: Mein lieber Herr, Sie sagen, daß Sie nach Legau wollen; aber wenn Sie weiterhin so heidenmäßig fluchen, dann kommen Sie nicht nach Legau, dann kommen Sie direkt in die Hölle.

M: Des macht mr nix aus, es isch a Retourbillett.

Meinungsforschung

Herr Kiebele (K), ein Meinungsforscher (M)
An der Wohnungstüre

K: I hob Ihne scho gsagt: i sag nix. I will mei Rueh, hant S mi verschtande? Mi goht die ganz Gschicht nix a'.

M: Das nehme ich Ihnen nicht ab. Das geht Sie sehr wohl etwas an. Als Demokrat haben Sie nicht nur das Recht der freien Meinungsäußerung, sondern auch die Pflicht. Es geht schließlich um Ihre Stadt.

K: Es gschieht ja doch nix.

 M: Wenn das alle sagen würden!

K: Se *sagets* vielleicht it alle, aber se denkets alle.

M: Als Demokrat haben Sie ...

K: Höret Se mr auf drmit. Wenn oim gar nix Bessers meh it ei'fallt, appelliert r an die demokratischen Inschtinkte. Mei Rueh will i!

M: In den autoritären Staaten gibt es keine Meinungsumfragen.

K: Wenn des as Ärgscht isch – – –

M: Lassen Sie mich doch bitte ausreden! Ich sagte: in den totalitären Staaten gibt es keine Meinungsforschung. Die Menschen hinter dem Eisernen Vorhang wären froh darum.

K: Moinen S?

M: Sie sagen: es wird ja doch nichts besser. Wie soll etwas besser werden, wenn uns die Leute nicht sagen, wo sie der Schuh drückt, was sie anders haben wollen, was sie besser haben wollen? Es geht hier und heute um Ihre Stadt, um einen repräsentativen Querschnitt über die Meinung der Bürger dieser Stadt. Darüber, was gut und was weniger gut ist, was so bleiben kann und was besser gemacht werden muß. Meine Frage 1: Wo parken Sie nachts Ihren PKW?

K: Gar it.

M: Sie wollen sagen, Sie haben eine Garage?

K: I will sage, i hob koi Auto.

 M: Wir schreiben also: geht überwiegend zu Fuß. –

Frage 2: Wie kommen Ihre Kinder normalerweise in die Volks-, Real-, Höhere oder Berufsschule?

K: Gar it. I bin alleinstehend.

M: Frage 3: Sind Sie mit Ihrer Wohnung zufrieden?

K: Weißle losse sollt ma's dringend.

M: Dann schreiben wir: könnte besser sein, habe mich aber daran gewöhnt. – Nächste Frage: Hat Ihre Wohnung irgendwelche Mängel?

K: Fußpilzgefahr.

M: Wie bitte?

K: Fußpilzgefahr.

M: Das ist in meiner Liste nicht vorgesehen.

K: I hobs Ihne ja glei gsagt, daß die Frogerei koin Wert it hot. Sie wisset gar it, wie ungemein gefährlich dr Fueßpilz isch. Ja lachet Se no! Wenns amol de Fueßpilz hand, vergoht Ihne s Lache scho'!

M: Ich zweifle durchaus nicht an der Gefährlichkeit des Fußpilzes, aber wie gesagt: er erscheint in unserem Erhebungsbogen nicht. Wenn Sie damit einverstanden sind, kreuzen wir das Kästchen „Sonstige Mängel" an. – Frage 5: Wie oft besuchen Sie oder Ihre Angehörigen kulturelle Veranstaltungen?

K: Am Sonntag gang i in Wald.

M: Und wenn es regnet?

K: No bleib i dahoim.

M: Welche Einrichtungen kultureller Art vermissen Sie in Ihrem Wohngebiet?

K: Einen Kioks in Pilzform.

M: Weitere Frage: Ist ein Kinderspielplatz in der Nähe? Falls Sie Kinder im Alter von 1–6 Jahren haben, besuchen diese regelmäßig einen öffentlichen Kinderspielplatz?

K: Falls i Kinder hätt, tät i ihne das Betreten vo ma öffentliche Kinderspielplatz streng untersage.

M: Und warum?

K: Wegen der Ansteckungsgefahr.

M: Bitte um genauere Angaben über die Art dieser Ansteckungsgefahr!

K: Fußpilz.

M: Nächste Frage: sind Ihnen irgendwelche städtebaulichen Vorhaben bekannt, die in Ihrer Stadt in nächster Zeit durchgeführt werden sollen oder sollten?

K: Ein Kioks in Pilzform.

M: Das hatten wir schon. – Noch eine Frage zur Stadtplanung bzw. Stadtverbesserung: Würden Sie bessere Straßenbeleuchtung wünschen? Mehr Fußgängerübergänge mit Ampeln, mehr Ruhebänke, mehr Kinderspielplätze, mehr Springbrunnen, mehr Parkplätze für PKW, mehr mittelgroße Straßenbäume, mehr öffentliche Telefonzellen mit Briefkasten, mehr Grünanlagen mit Hundeklo?

K: Den Kioks in Pilzform hant S vergesse.

M: Den hatten wir doch schon mehrmals! Vorletzte Frage: Finden Sie, daß in Ihrer Stadt irgendwelche Interessen oder Bevölkerungswünsche vernachlässigt werden, und welche?

K: Ma tuet in unsrer Stadt zu wenig für die Pilzfreunde. Für Kindergärte und Schuele und Theaterfreunde und Konzertfreunde und Sportfreunde isch's Geld do. Aber für d'Pilzfreunde hot ma nix übrig. Und drbei wär des wichtiger wie alles andere.

M: Wie meinen Sie das?

K: Wenn Sie beim Sport an falsche Fueßball verdwischet, no macht des fascht gar nix. Aber wenn S beim Pilzsammle an falsche Pilz verdwischet, könnet Se tot sei. Aber ma verdummt ja d'Bevölkerung systematisch, statt daß ma se aufklärt. Es hot ja gar koin Wert it, daß i Ihne des sag; es gschieht ja doch nix.

M: Sagen Sie das nicht! Wenn sich ein repräsentativer Querschnitt ergibt, dann *muß* etwas geschehen. Wenn alle verbitterten Pilzfreunde zusammenstehen, ihre Stimme erheben und sich Gehör verschaffen, dann muß und wird auch etwas geschehen.

K: Des goht it. Die laufet alle oinzeln im Wald rum und oiner goht em andre ausm Weag.

M: Ohne daß ein durch einen repräsentativen Querschnitt nachgewiesenes echtes Bedürfnis vorliegt, können Sie nicht erwarten, daß die Stadtverwaltung etwas gegen schädliche Pilze unternimmt.

K: Knollenblätterpilz vor allem.

M: Und Fußpilz, sagten Sie doch, nicht wahr?

K: Ja, Fußpilz, der au.

M: Ist der auch giftig?

K: Der isch überhaupts it eßbar.

M: Sehen Sie, es ist doch eine ganze Menge nützlicher und interessanter Informationen herausgekommen. Wir werden damit unseren Computer füttern, der verdaut sogar Knollenblätterpilze! Nun noch eine letzte Frage! Die vorletzte Frage bezog sich auf wünschenswerte Neuanschaffungen. Die letzte Frage: Gibt es auch wünschenswerte Abschaffungen in Ihrer Stadt? Genauer gesagt, gibt es Anlagen, Einrichtungen, Institutionen, die Sie für entbehrlich und durchaus überflüssig halten? Mit anderen Worten: was würden Sie sofort abschaffen, wenn Sie die Macht und Möglichkeit dazu hätten?

 K: D'Moinungsforscher.

Lange Leitung

Ein Mann (M), seine Frau (F) Nächtliches Schlafzimmer

F: Herrschaft noamol, hosch *Du* mi verschröckt!

M: Wieso verschröckt?

F: Ja no, weil Du bei dr Schlofzimmertür rei'kommsch und mit oim Ruck s Liecht a'zündsch. Du kommsch doch *sonsch* nie so früeh.

M: Mir hots numme gfalle.

F: Es hot dr doch sonsch alleweil gfalle. I moin bloß, weil du doch sonsch nie vor zwölfe hoimkomme bisch.

M: Des macht doch nix aus, ob i um zwölfe oder um zehne komm, oder? Du schlofscht so oder so.

F: I moin ja au bloß.

M: Was soll denn des bedeute, daß du gar it im Bett bisch? Zu was stohsch du im Unterrock im dunkle Schlofzimmer umanand? Warum bisch du eigentlich it im Bett?

F: Grad ho n i gange wölle.

M: Warum zündsch noch koi Liecht it a?

F: I ka mi au im Dunkle ausziehe und s Liecht spare.

M: Aha, fangscht scho meh' a'? Dr Ma versauft und verkeglet s Geld und d'Frau mueß spare, weil se sonsch nix zum A'zieahe kaufe ka'. *Desweage* stohsch du im Unterrock im dunkle Schlofzimmer umanand. Ho n i reacht?

F: Ja, du hosch reacht. So war's gmoint. I hau wirkle nix zum A'zieahe.

M: Daß i it lach! Nix zum A'zieahe! Dr ganze Kaschte hanget vole Kleidr.

F: Isch au drwert, daß ma schwätzt weage dene paar Fähnele?

M: Dr ganze Kaschte hanget vol, sag i!

F: Komm, tue de Huet ra und zieh di aus und gang in dei' Bett!

M: Nix zum A'zieahe! Daß i it lach! Soll i dr's zeige!? Wart, i zeig dr's! *(öffnet den Kleiderschrank)* Do! s blau Kleid – s gstreift Kleid – s grau Kostüm – Grüeß Di Gott, Paul! – s Trachtekostüm – dr Strand-A'zug – *(macht die Türe wieder zu)* – – – nix zum A'ziehe, daß i it lach!

Sexmuffel

Frau Würstle (W), Frau Brüstle (B)   Eisenbahn

W: So, Frau Brüstle, simmr au in dr Stadt gwea? Hammr fescht ei'kauft, Frau Brüstle?

B: Noi, i bi bloß im Kino gwea.

W: Do bi n i scho Johr und Tag numma nei'komme. Wisset Se, seit ma an Fernseher hot . . .

B: Ja no, gewisse Sache kriegt ma im Fernseahe it zum Seahe.

W: Zum Beispiel was für Sache, Frau Brüstle?

B: Des sind scho fast koine Sache meh, Frau Würstle, des sind scho eher Sächele. Kennet Sie de Oswalt Kolle? Ja, was saget Se zue deam?

W: Ja, was soll ma do sage?

B: Ja, do hant S wohl recht, was soll ma do sage? Hant Se'n gseahe?

W: Wean?

B: De Oswalt Kolle.

W: Noi, i bsinn mi it.

B: Wenn Se dean gseahe hättet, bräuchtet S Ihne it bsinne, des könntet S Ihne scho merke. Gell, Sie wisset scho, was i moin, oder?

W: Ja freile; – wie hant S glei gsait?

B: De Kolle.

W: Des isch doch so a Kloiner, Untersetzter?

B: I moin it de Kolle selber, i moin die Film, wo n r macht, der Kolle.

W: A was? Film macht r *au*? Was *Sie* it saget!

B: I glaub, mir moinet verschiedene Leut. *I* moin de Oswalt Kolle mit seine Sexfilm.

W: Von derlei weiß i nix, descht nix für mi, do bi n i scho z'alt drzue.

B: Ganget Se zue, Frau Würstle! Z'alt, daß i it lach! Vielleicht sind S fruschtriert oder bloß a bitzle verklemmt. Sie sottet Ihne au amol so an Sexfilm a'gucke. I sag Ihne, die machet Ihne Sächele vor, do hot unserois no nie nix gwißt drvo, obwohl ma scho meh wie zwanzg Johr verheiret isch. I ka bloß sage: Sächele, Frau Würstle! Ma *mueß* des oifach seahe, sonsch ka ma it mitschwätze im Damekränzle.

W: Gucket Se, Frau Brüstle, alloi mag i it ins Kino, und mei Ma goht in so ebbes it mit. A gotzigsmol hammrs probiert. Vor em Krieg, wie mr no jung gwea sind, do simmr amol in so an Film gange.

PALAST-KINO
Ben Hur

I sag Ihne, Frau Brüstle, mir hant uns fast z'Tod gschämt und hant denkt, hoffentlich sieht uns niemed, wie mr nei' sind.

B: Hots domols au scho söttige Film geabe?

W: Scheinbar.

B: Wie hot r denn g'heiße, der Film?

W: Ben Hur – – –

B: Do wearet scho drnoch wüeschte Sache vorkomme sei'?

W: It amol! So arg, wie ma em Titel noch hätt moine könne, isch es gar it gwea.

B: No sind S also it auf Ihre Köschte komme, domols? Aber beim Oswalt Kolle, do kommet Se auf Ihre Köschte; Sächele, sag i Ihne, Sächele! Meh sag it it. Sächele . . .

W: Kählets oim do it?

B: Noi, Frau Würstle, ma sott's it glaube, es isch grad schö', weils gar a so kähl isch.

W: Trauet Sie Ihne do ganz alloinig nei'? Goht Ihr Herr Gemahl it mit?

B: Oh *der*! Der hot doch nix übrig für söttige Sache. Der dürfts gar it wisse. Der tät sage: do müeßet mr uns z'guet sei' für so ebbes. – Bloß zue Ihne gsait, Frau Würstle: er isch scho mit vierzg Johr impotent gwea.

W: Respekt!

B: Höret Se, Frau Würstle, was heißt do „Respekt"?

W: Ja no, weil Sie saget, er isch scho mit vierzg Johr ...

B: Weil i was sag?

W: Weil Sie saget, Ihr Herr Gemahl isch scho mit vierzg Johr ... *was* gwea?

B: Impotent.

W: Jetzt mueß i dumm froge, Frau Brüstle – – impotent, saget Se – – isch des *meh* wie Oberinspekter?

Haushaltshilfe

Die Arbeitgeberin (G), die Arbeitnehmerin (N)
Herrschaftliches Wohnzimmer

G: Sie kommen auf mein Inserat?

N: Jawohl, i wär die Dame!

G: Bitte, kommen Sie herein! Bitte, nehmen Sie Platz! Was darf ich Ihnen anbieten? Vielleicht einen kleinen Martini? Einen Sherry? Oder lieber ein Glas Orangensaft?

N: In dr Früah trink i nix.

G: Ja, dann wollen wir gleich zur Sache kommen. Wie sind Ihre Ansprüche?

N: Was wead zahlt?

G: Meine Letzte hatte sechshundert.

N: Für *des* schaff it it.

G: Natürlich Kassen frei und erstklassige Verpflegung.

N: Des verschtoht se von am seal.

G: An was hatten *Sie* gedacht?

N: Also, unter siebehundertfuchzg möcht i gar it a'fange.

G: Das ist zwar ein hoher Betrag, aber für eine gute Kraft wird man heute wohl so viel bezahlen müssen, wie?

N: Sie könnets Ihne ja überlege – i ho no mehner Angebote.

G: Nein, um Gotteswillen, bleiben Sie sitzen! Wir werden uns verständigen. Ich bin überzeugt, daß wir uns gut verstehen werden.

N: Des isch sowieso d'Voraussetzung: a guets Betriebsklima. Wie isch es mit dr garantierte Freizeit? Am Freitag-Nachmittag möcht i gange und am Montag käm i denn meh im Lauf des Vormittags. I hau nämlich an Freund, und mit dem fahr i meischtens ins Weckend.

G: Ich dachte schon, Sie hätten vielleicht eine alte Mutter oder ein Kind zu versorgen.

N: Kind, des au. Wie isch es überhaupts mit em Familienanschluß?

G: Ganz wie Sie es wünschen.

N: Des heißt, i ka s Kind mitbringe. – Und wie ischs eventuell mit'm Zimmer?

G: Selbstverständlich haben Sie, wenn Sie einmal hier schlafen wollen, ein sehr schönes Zimmer mit Zentralheizung, separatem Eingang, Bad, Fernseher und so weiter.

N: Farbfernseher?

G: Selbstverständlich Farbfernseher.

N: Es isch besser, ma froget vorher, damit's hinterher koin Ärger it gibt. – Und wie isch es mit'm Easse?

G: Das Essen ist bei uns erstklassig. Mein Mann legt großen Wert auf gepflegtes Essen. Wir haben alle modernen Küchenhilfen und Elektrogeräte.

N: Gibts manchmol au Fisch?

G: Natürlich!

N: Fisch mag i weniger.

G: Wildbret werden Sie vermutlich auch nicht mögen?

N: Na, des au it.

G: Gut, darüber kann man sprechen, das läßt sich regeln.

N: Und wie isch es mit dr Treueprämie, falls i a halbs Johr bleib?

G: Ich dachte als Treueprämie: nach einem Jahr ein dreizehntes Monatsgehalt.

N: Und die grob Arbet?

G: Damit haben Sie nichts zu tun; das besorgt unsere Putzfrau. Sie brauchen keine groben Arbeiten zu verrichten. Die Einkäufe besorgt ohnehin der Chauffeur.

N: Was fahret S für an Wage?

G: Ich habe einen VW, mein Mann fährt einen Fiat, Sport-Kabriolett.

N: Bei meiner letzte Herrschaft hob i immer zwischbedure s Auto hau könne – aber a VW isch mr fei' z'unbequem, des mueß i glei sage.

G: Sie haben den Führerschein und können Auto fahren?

N: Versteht sich.

G: Haben Sie auch ein wenig Ahnung vom Kochen?

N: Des weniger.

G: Und wie steht es mit der Wäschebehandlung?

N: Des au it grad.

G: Aber servieren können Sie?

N: I hau's no nie müeße. Offe gsagt: wenn's it sei' *mueß* – gern tue i s it.

G: Da Sie selbst ein Kleines haben, können Sie sicher gut mit Kindern umgehen?

N: Wenn's sei' *mueß*.

G: Haben Sie irgendwelche Kenntnisse, ich meine Nähen, Schneidern, Backen?

N: Wie ma's nimmt.

G: Damit wir uns nicht mißverstehen: ich suche eine Haushalthilfe. Sie kommen doch auf mein diesbezügliches Inserat?

N: Auf des do? Ja. Warum?

G: Sie haben mir zwar gesagt, was Sie *haben* wollen, aber Sie haben mir noch nicht gesagt, was Sie *können*.

N: Was i ka? Sie hant inseriert: Suche zuverlässiges Mädchen, das daheim schlafen kann. *Des* ka n i!

Ballgeflüster

Philomena (P), Kosmas (K)   Ländlicher Tanzboden

P: Sie tanzet fei' guet!

K: Sie au!

P: Sie sind scheints a ganz a leidenschaftlicher Mensch, Sie!

K: I? Warum?

P: Weil Sie mi gar so an Ihne na'drucket.

K: I hau Ihne it na'druckt, I hau mi bloß an Ihne ei'ghebt, weil mrs schwindlig wore isch von dem Rumdrädle.

P: Des *saget* S halt; in Wirklichkeit aber sind S wahrscheinlich a ganz a wilder Draufgänger, gell?

K: Noi, gwiß it!

P: Sie hand an schöne Name. I hau koin so an schöne Name it.

K: Drfür könnet S guet *tanze.*

P: Wend Sie gar it wisse, wie i heiß? – I heiß Philomena.

K: Des isch doch a schöner Name!

P: Noi, des isch koi schöner Name it. Kosmas isch viel schöner; des klingt so bodenständig und so stark. Philomena isch lang it so schö wie Kosmas.

K: Es könnet it alle Leut Kosmas heiße – – – Derf i ebbes sage?

P: Alles dürfet S.

K: Sie könnet fei' guet tanze.

P: Des hand S scho amol gsait. I hau scho gmoint, Sie möchtet mir sonscht a Kompliment mache, oder so ähnlich.

K: Möchte tät i scho, wenn i derf.

P: I ka it meh' wie sage: *alls* dürfet Se.

K: Sie hand so an schöne weiße Hals, Fräulein Philomena. Wie a Schwan.

P: So bin i na und na!

K: Descht kaum zum glaube!

P: Was soll i do', daß Sie's glaubet?

 K: I glaubs ja!

P: Gell, mit de Fraue, do kennet S Ihne aus?

K: Warum?

P: Weil Sie so Komplimenter mache könnet, wie a Kavalier. Sind S vielleicht gar a Sportler au no?

K: Wie ma s nimmt. Briefmarke sammle ka n i, und Radfahre ka n i au.

P: I ka *au* radfahre. Fahret S oft mit em Rad?

K: Wie s grad kommt.

P: Sie wearet sicher viel Verehrerinne hobe, wo mit Ihne radlet?

K: I?

P: Machet Se manchmol au Toure?

K: Wenn si 's gibt scho'.

P: I tät au gern Radtoure mache, aber alloi machts oim koin Spaß it.

K: Warum it?

P: Weil ma koi A'sproch it hot und außerdem isch es au z'gfährlich, wo heutzetag so viel passiert, bsonders wenn ma in d'Nacht nei'kommt.

K: Und wenn ma koi Liacht it hot.

P: A Liacht hätt i, sogar a ganz nuie Fahrradlaterne. Aber alloi trau i mi oifach it.

K: Fräulein Philomena, tätet S mir Ihre Adress geabe?

P: Gell, i hobs Ihne glei a'gseahe, Sie sind a Draufgänger!

K: I glaubs fast selber, wenn Sie s saget.

P: Zu was wend S mei' Adress? Wartet S, i schreib se Ihne auf. Möchtet S mr a Briefle schreibe?

K: Vielleicht au bloß a Karte. Des könnt leicht sei'. Aber vielleicht verschrecket S und haltet mi für an unverschämte, aufdringliche Mensche, wenn i Ihne schreib.

P: Des gar nie! Ganz gwis it!

K: Gwis it?

P: Gwis it!

K: Wirkle?

P: Wirkle!

K: Fräulein Philomena, wenn Sie Ihne bei Nacht sowieso it zum Radle trauet, könnt i in deam Fall vielleicht gelegentlich – i tät Ihne rechtzeitig vorher schreibe – Ihre Fahrradlaterne hau?

Musikalisch

Der Herr Pfarrer (P), eine Mutter mit Säugling (M)
Eisenbahn

M: Gell, Herr Pfarrer, weages meiner könnet S frei' unschiniert rauche.

P: Ha'?

M: I sag, weages meiner könnet S unschiniert rauche. Do herin isch nämlich „Nichtraucher". I sags bloß, falls dr Schaffner kommt, daß Sie Ihre Ziegar reachtzeitig verschwinde land.

P: Ja, do müesset Se jetz scho entschuldige. Des ho n i gar it g'seahe ghet. Auf dr Stell lösch i mei' Ziegar aus! Es isch au weages deam Kind. Dunds vielmols entschuldige, gell!

M: Deam Kind tuets Rauche nix; des isch erst a halbs Jährle.

P: Ischs a Büeble oder a Mädele?

M: A Bue. Drum ischr hellblau. A Mädle wär rosa.

P: Rag'risse d Muettr!

M: Moinet S?

Nichtraucher

P: Rag'risse d Muettr!

M: Des ho n i scho öfter sage höre. Aber i sag alleweil: d Hauptsach, daß r gsund isch.

P: Do hand S reacht, Frau, do ka ma eiserm Herrgott it gnue danke.

M: Also, wie gsagt, weages deam Kind dürfets unschiniert weiterrauche, Herr Pfarrer.

P: Noi, Frau, vergelts Gott für Ihre guete Moinung, aber i muß jetzt sowieso an mei' Brevier gange. I ho s heut no it beatet. s Brevier heb i mir allat auf für d Eisebah'.

M: Do könnet S doch *neabeher* rauche, oder it?

P: Könne tät i s scho, aber dürfe tue i s it. Do gibts a n eigene Entschließung vom Ordinariat: während em Beate isch s Rauche unseroim verbote.

M: I kenn aber an geistliche Herre, wenn der im Pfarrgärtle sei' Brevier beatet, der stoßt Rauchwolke aus wie a Lokomotiv.

P: Vielleicht mueß r des weages seine Biene.

M: Der hot koine Biene it.

P: I ka mrs scho denke, wean Sie moinet. Descht a Sonderfall.

M: De Herr Pfarrer Häderle!

P: Descht a Sonderfall.

M: Descht aber it gerecht, wenn dr oi rauche derf und dr ander it.

P: Drfür ho n *i* jetz do hinne im Nichtraucherabteil g'raucht; des hätt i au it dürfe.

M: Ungerecht isch es welleweag.

P: Noi Frau, des stimmt it. Des isch it ungerecht. Mei' Kollege Häderle hot s bloß a bitzele gscheiter a'gfange wie n i. I ho vor Johr und Tag beim Ordinariat korrekterweis, vielleicht au dummerweis, a'gfroget, ob i neaber em Beate her rauche dürft. Des hot ma mir verbote. Dr Kolleg Häderle, wie n m des verzellt ho, hot a paar Wuche g'wa'tet und no hot r ans Ordinariat gschriebe und hot ganz allgemein gfroget, ob ma, wenn ma raucht, neabeher au *beate* dürft. Des hot ma schwerlich verbiete könne. Im Gegeteil: ma hot n eher no g'lobt weage sei'm Gebetseifer. – – – Jetzt will i gau' weidle mei' Brevier beate, daß i s no pack bis mr z Kempte sind.

M: Land S Ihne it störe, Herr Pfarrer!

P *(liest sein Brevier leise vor sich hin)*: Pswswswsws – – – pswswsws – – pswswswsws – pswswsws – – – as Büeble heinet!

M: Wahrscheinlich hot s naß gmacht. Derf i nochgucke, Herr Pfarrer, oder störts Ihne beim Beate, wenn i s Kind gschwind trockeleg?

P: Ganz und gar it, Frau! Dunds Ihre Mutterpflicht!

M: Wisset S, Herr Pfarrer, i hau alleweil ausreichend Windle drbei. Ma könnts zwar au vo seal nei'-

trückne lau, aber es isch it guet fürs Kind und für d Umgebung au it. I mag s it, wenn d Kind so meuchtelet. So, gucket Se, Herr Pfarrer, es isch scho gscheahe!

P: Descht gschwind gange. Des macht halt d Übung. --- No will i gau weiterbeate. --- Pswswswsws – pswswswsws – pswswswswsws – pswswswsws wsws --- as Büeble heinet scho wieder!

M: Wahrscheinlich isch scho wieder naß. Do hot s vorher no ebbes aufgspart. I will gau vorsichtshalber gucke.

P: So a Muettr isch scho a reacht a plogets G'schöpf. So a Kind braucht doch viel Arbet und Geduld.

M: Aber ma hot au viel Freud dra'.

P: A sauberghaltes Kind isch a Augenweide, ganz abgseahe vom Gschmäckle.

M: Aber Arbet machet se scho, die kloine Krampe, bsonders wenn se zahnet. So, gucket Se, Herr Pfarrer, scho' erledigt!

P *(beginnt wieder leise in seinem Brevier zu lesen)*: Pswswsws – pswswsws – pswswsws – pswswsws – – – Frau, i glaub, Ihre Büeble isch krank; es heinet scho wieder!

M: Wahrscheinlich isch es scho wieder naß.

P: Frau, i verstand zwar nix von der Säuglingszucht, aber do ka ebbes it stimme. Sie sottet ebbes do' drgege.

M: Wenns Kindle mueß, no mueß es; do ka ma nix do' drgege.

P: Sind S scho beim Doktr gwea?

M: Deam Kind fehlt nix.

P: So sicher wär i mir do it. I glaub, Sie sottet beizeite ebbes drgege do', daß Se Ihne koin Bettnässer it herziehet. Dreimol naßmache innerhalb von it ganz zwanzg Minute! Des Kind *ka'* it gsund sei'! Wend S it doch lieber an Doktr zueziehe?

M: Des brauchts it. Deam Kind fehlt nix.

P: Wenn S zue de Döktr koi Vertraue it hand, no machet S doch an Bittgang auf Rauns zum heilige

Veit. Auf m Hochaltar auf dr linke Seite hocket r in sei'm Häfele; Sie könnet n gar it verfehle. Er hot scho viele g'holfe bei deam Leide.

M: Des Kind isch kerngesund; es isch bloß a bitzele zu musikalisch.

P: Warum machts no andauernd naß?

M: Eabe, weils so musikalisch isch.

P: Des verstand i it.

M: Ja no, isch des a Wunder, daß des übermäßig musikalisch Kindle drauf a'spricht, wenn Sie die ganz

Zeit „Pswswswsws–pswswsws" machet?

Spannende Beichte

Der Herr Kooperator (K), Ibeles Xaver (I)
Beichtstuhl

K: Also, packe mr's, fange mr a'!

I: Mit was?

K: Am beschte glei mit de Todsünde. No hammr s Grobzuig weg. Druckt ui ebbes?

I: It übermäßig.

K: Aber ruie tuet ui ebbes, oder?

I: Au it übermäßig.

K: Um so besser, wenn mr koine Todsünde it hand.

I: Des ho n i it gsait.

K: Also doch! Wo fehlts?

I: Ja mei', halt s Übliche, s sechste Gebot.

K: Ja, des müeßet Ihr mir scho gnauer verzelle, sonscht ka n i ui it losspreche. Also?

I: Vor a Wuche viere bi n i z'Münche gwea.

K: Des wär an sich no koi Sünd it.

I: Und no simmr zletscht in a Nachtlokal.

K: Descht scho minder.

I: as kutt erscht.

K: Also weiter!

I: Do hammr a paar Damen kenneglernt.

K: Aha!

I: Sehr nette Damen. Und sehr umgänglich.

K: Des ka n i mr denke.

I: Noi, des kennet Ihr ui *it* denke.

K: Weiter!

I: Ja, also, zum Schluß, uma drui in dr Früah, bin i mit drei Damen in a Hotel.

K: Glei mit drei! Hätt do oine it glanget? Oder, wenns scho sei' mueß, zwei?

I: Noi, mit drei!

K: Weiter! Was isch nochet gwea? Ihr müeßet *alles* verzehle, was vorgfalle isch, sonsch isch d'Beicht für d'Katz.

I: I weiß it – i möchts lieber doch it verzehle.

K: Es *mueß* aber sei', sonsch isch d'Beicht für d'Katz, sag i. Ihr sind doch a ehrbarer Schuehmachermeister, gar so arg wearet Ihr ui doch it grad vergeasse hau, oder? – Machet weiter, i hör zue!

I: Jetz weads aufregend, Herr Kooperator.

K: Des ka n i mir vorstelle.

I: Noi, des könnet S Ihne it vorstelle, Herr Kooperator. So ebbes ka ma si überhaupts gar it vorstelle. Des spottet jeder Beschreibung – – – Aber i möchts doch lieber it verzehle, wie's weitergange isch.

K: No isch des bloß a halbete Sach, no ka n i ui d'Lossprechung it erteile. Verzellet ruhig weiter bis zum Schluß und erleichtret uier Gwisse!

I: Also, wie gsagt, s Spannende wär jetzt komme; aber i hau mrs anderscht überlegt. De Schluß von dere Gschicht beicht i lieber am nächste Sonntag em Herrn Stadtpfarrer. *Der* bringt au alleweil seine Schueh zu mir zum Sohle.

Worterklärungen

Die mit * bezeichneten Worte gehören der Mundart an, wie sie zur Zeit in der Gegend von Hindelang und Hinterstein gesprochen wird.

afange	allmählich
ahebe	allmählich
allat	immer
ama	einem
amend	am Ende, vielleicht
amol	einmal
anand	einander
ananandna'	an einander hin
aso	so
A'sproch	Unterhaltung
ausglau	ausgelassen
ba	man
brocht	gebracht
brüchtet	brauchtet
dau	getan
dere	dieser
desmol	diesmal
descht	das ist
Dir*	Ihr
ditsch*	deutsch
do'	tun
doosohrig	taub, schwerhörig
draumet	geträumt
drui	drei
drvo	davon
drwert	der Rede wert
düba	drüben
dunds	tun Sie
ebbes	etwas
eis*	uns
eiserm	unserm

Fähnele	billiges Kleid
faschtgar	beinahe
fei', frei'	in der Tat
Finschter*	Fenster
Fitzematenderle	Umstände
flacke	herumliegen
frait	freut
füre*	nach vorn
Füeße	Füssen
gange	gehen
gau'	gehen
geit	gibt
ghet	gehabt
g'hörig	ordentlich
g'langet	genügt
g'leanet	gelernt
Glump	minderwertiges Zeug
g'molet	gemalt
gnue	genug
goht	geht
gonne	vergönnen
gotzig	einzig
Grammoadre	Krampfadern
Grind	Kopf
grüset*	gegraust
gsait, gseit*	gesagt
Gschwistrigkind	Vetter, Base
gung	ginge
Gutter	Flasche
gwea	gewesen
gwis	gewiß
ha'?	wie bitte?
häb	habe, hätte
hammr	haben wir
hand, hant	haben
häze	klettern
hau	haben, habe
heine	weinen

heire	heiraten
herb	schwer
ho	habe
hobrs	hat es mir
hong*	haben
hosch	hast du
huim*	heim
ingghengt*	eingehängt
inne	gewahr
iś*	uns
jetzedle	jetzt
kähle	ekeln
kähl	ekelerregend
kasch	kannst Du
koi	keiner, keine, kein
Kramp	böses kleines Kind (hier als Kosewort)
krebsle	unbeholfen klettern
kreise	kriechen
Kreislauf-schwöchene	Kreislaufschwäche
Kreuzoadr	Kreuzotter
kuine*	keine
kutt	kommt
Läscht	Lasten, Beschwerden
land, lant	lassen
lau	lassen
Leich	Beerdigung
Löbe	Löwe
long*	lassen
lot	läßt
meh	wieder
mehner	mehrere
meuchtele	modrig riechen
mibba	mitten
Mödele	Verkleinerungsform für „Mode"
mole	malen
muschpr	munter, aufgeweckt

na und na	von oben bis unten
na'	hin
neabeher	nebenzu
neig'lau	hineingelassen
nei'trückne	hineintrocknen
nochet	nachher, dann
noi	nein
noamol	noch einmal
nüsluege*	hinausschauen
nui	neu
numma, numme	nicht mehr
Obed	Abend
öu*	auch
oi	eine
oim	einem
ploget	geplagt
rag'risse	ganz und gar ähnlich
Retourbillett	Rückfahrkarte
rote	raten
ruie	reuen
ruig	ruhig
rumdrädle	herumdrehen
saisch, saischt	sagst
Schriner*	Schreiner
schrinere*	schreinern
sealem	diesem
sellmol	damals
Siech	hier anerkennend: Mordskerl
siehgsch!	siehst Du!
simmr	sind wir
söttige	solche, derartige
sott	sollte
stohsch	stehst
sündtir*	sündteuer
Tienätscherle	Teenager
trätze	reizen

ui	euch
uis*	eines
umma	etwa um
unschiniert	ungeniert
üs*	aus
üsse*	hinaus
üsstiege*	aussteigen
verkopfe	besinnen
vernunet	eingenickt
verzelle	erzählen
vole	voller
wead	wird
weages	wegen
wear	werde
Weckend	Weekend
weidle	geschwind
weißle	tünchen
wellaweag	trotzdem
wemmr	wollen wir
wend, went	wollen
Wile*	Weile
Winggläsle*	Weinglas
wit*	weit
wölle	wollen
Wuche	Wochen
wur	würde
wuret	würden
zahne	Zähne bekommen
zeme, zemet	zusammen
Ziegar	Zigarre
Zit*	Zeit
zletscht	zuletzt
zmol	auf einmal, plötzlich
zwischbedure	zwischendurch
zwoa*	zwei

Weitere Bücher von Alfred Weitnauer

Allgäuer Sprüche

Bewährte Lebensphilosophie in der Joppentasche. 46 Seiten mit 10 ganzseitigen bunten Bildern von Siegfried Sambs. Reizende Geschenkausgabe, urwüchsig und originell
DM 7,80

Sing nicht, Vogel

Ein heiteres Spiel um den Pfarrer von Kirchdorf, in Rundfunk und Fernsehen mit Willy Reichert und Dieter Borsche mehrfach gesendet. 56 Seiten, 10 Illustrationen von Helga Nocker, 4 Fotos aus der Fernsehsendung DM 7,80

Auch Schwaben sind Menschen

Ein reizendes Mitbringsel voller Pointen und Überraschungen, das Freude schenkt und Spaß macht. 136 Seiten, 58 Zeichnungen von Heinz Schubert DM 9,80

Sängers Fluch

Neun Klassiker-Parodien in schwäbischer Mundart mit 38 Illustrationen von Eberhard Neef. Inhalt: Sängers Fluch, Der Taucher, Der Ring des Polykrates, Das Gewitter, Der Kampf mit dem Drachen, Erlkönig, Die Kraniche des Ibykus, Die Bürgschaft, Der Handschuh DM 10,80

Die Allgäuer Rasse

Eine nicht allzu ernste Abhandlung über Anatomie, Seelenleben und Tugenden der Allgäuer Sonderrasse. Hier lacht und lächelt ein Stamm über sich selbst. Die Lektüre dieses köstlichen Büchleins ist bis zur letzten Zeile ein ungetrübter Genuß. 112 Seiten, 40 Illustrationen von Heinz Schubert
DM 12,80

Drei Könige im Schwabenland

Ein barock-modernes, urwüchsiges Dreikönigsspiel in schwäbischer Mundart. Wiederholt vom Bayerischen, Süddeutschen und vom Österreichischen Rundfunk aufgeführt. Originell ausgestattete Geschenkausgabe, 48 Seiten, 6 ganzseitige Farbbilder *DM 12,80*

Schwabenstückle

Fast jeder Schwabe ist ein Philosoph, nur wissen's die wenigsten. Die Zusammenfassung von 70 schwäbischen Streichen ist von so herzhaft guter Art, daß man daran seine helle Freude hat. 226 Seiten, 78 bunte Illustrationen von Eberhard Neef *DM 13,80*

Nix Kultura

Unzeitgemäße Betrachtungen eines Heimatpflegers. Hier wird hart, aber zugleich mit viel Humor Zeitkritik geübt. 39 heitere Illustrationen von Eberhard Neef ergänzen den Text. 192 Seiten *DM 16,80*

Die Baiern und die Schwaben

Stammeseigenart, Geschichte und Tradition, Brauch und Herkommen werden „lustig verpackt" geschildert. 134 Seiten, 33 Abbildungen, 98 Illustrationen von Heinz Schubert *DM 17,50*

Lachendes Allgäu

Urwüchsiger, herzhafter Humor, bei dem kein Auge trocken bleibt. Dazu 195 bunte Illustrationen von Eberhard Neef. In weiß-rotem Dirndlleinen gebunden. Mit 180 000 Exemplaren die höchste Auflage, die je ein Allgäu-Buch erreicht hat. *DM 17,50*

Preise: Stand Juli 1978